国家职业教育焊接技术与自动化专业

教学资源库配套教材

“十三五”江苏省高等学校重点教材（编号：2017-2-102）

熔化极气体保护焊

主　编　姜泽东

参　编　宋博宇　吴淑玄

主　审　陈保国

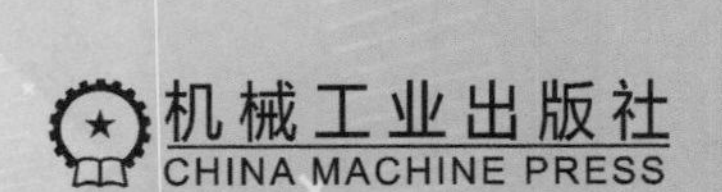

机械工业出版社

CHINA MACHINE PRESS

本书为国家职业教育焊接技术与自动化专业教学资源库核心课程配套教材，配套有二维码教学资源。本书是在分析熔化极气体保护焊焊工工作岗位所需的知识、能力、素质要求，并凝练岗位典型工作任务的基础上，根据《特种设备焊接操作人员考核细则》和《国际焊工资格考试标准》等要求编写的实训类教材。

本书以V形坡口对接焊接为主线，主要包括三个教学项目：低碳钢板V形坡口平对接焊接、低碳钢板V形坡口横对接焊接和低碳钢板V形坡口立对接焊接，以及一个自主项目——低碳钢板V形坡口仰对接焊接，涵盖了设备的安装调试、不同位置焊接操作方法、焊接参数的选择及焊接质量检验；同时结合熔化极气体保护焊的焊接应用特点，增加教学案例，加入企业的6S管理理念，培养学生的专业能力和职业素养。

本书为高等职业院校焊接技术与自动化专业教材，也可作为企业培训用书或供相关从业人员参考。

本书采用双色印刷。同时，为便于教学，本书配套有电子课件、电子教案、视频、动画、网络课程等丰富的教学资源，读者可登录焊接资源库网站http：//hjzyk.36ve.com：8103/访问。

图书在版编目（CIP）数据

熔化极气体保护焊/姜泽东主编.—北京：机械工业出版社，2018.3（2024.8重印）

国家职业教育焊接技术与自动化专业教学资源库配套教材

ISBN 978-7-111-59181-8

Ⅰ.①熔…　Ⅱ.①姜…　Ⅲ.①气体保护焊-职业教育-教材　Ⅳ.①TG444

中国版本图书馆CIP数据核字（2018）第030078号

机械工业出版社（北京市百万庄大街22号　邮政编码100037）

策划编辑：王海峰　　责任编辑：王海峰　于奇慧　杨　璇

责任校对：郑　婕　　封面设计：鞠　杨

责任印制：单爱军

北京虎彩文化传播有限公司印刷

2024年8月第1版第5次印刷

184mm×260mm·8.5印张·182千字

标准书号：ISBN 978-7-111-59181-8

定价：29.00元

电话服务　　网络服务

客服电话：010-88361066　　机　工　官　网：www.cmpbook.com

010-88379833　　机　工　官　博：weibo.com/cmp1952

010-68326294　　金　书　网：www.golden-book.com

机工教育服务网：www.cmpedu.com

国家职业教育焊接技术与自动化专业教学资源库配套教材编审委员会

总序

跨入21世纪，我国的职业教育经历了职教发展史上的黄金时期。经过了“百所示范院校”和“百所骨干院校”，涌现出一批优秀教师和优秀的教学成果。而与此同时，以互联网技术为代表的各类信息技术飞速发展，它带动其他技术的发展，改变了世界的形态，甚至人们的生活习惯。网络学习，成为了一种新的学习形态。职业教育专业教学资源库的出现，是适应技术与发展需要的结果。通过职业教育专业资源库建设，借助信息技术手段，实现全国甚至是世界范围内的教学资源共享。更重要的是，以资源库建设为抓手，适应时代发展，促进教育教学改革，提高教学效果，实现教师队伍教育教学能力的提升。

2015年，职业教育国家级焊接技术与自动化专业资源库建设项目通过教育部审批立项。全国的焊接专业从此有了一个统一的教学资源平台。焊接技术与自动化专业资源库由哈尔滨职业技术学院，常州工程职业技术学院和四川工程职业技术学院三所院校牵头建设，在此基础上，项目组联合了48所大专院校，其中有国家示范（骨干）高职院校23所，绝大多数院校均有主持或参与前期专业资源库建设和国家精品资源课及精品共享课程建设的经验。参与建设的行业、企业在我国相关领域均具有重要影响力。这些院校和企业遍布于我国东北地区、西北地区、华北地区、西南地区、华南地区、华东地区、华中地区和台湾地区的26个省、自治区、直辖市。对全国省、自治区、直辖市的覆盖程度达到81.2%。三所牵头院校与联盟院校包头职业技术学院、承德石油高等专科学校、渤海船舶职业学院作为核心建设单位，共同承担了12门焊接专业核心课程的开发与建设工作。

焊接技术与自动化专业资源库建设了“焊条电弧焊”“金属材料焊接工艺”“熔化极气体保护焊”“焊接无损检测”“焊接结构生产”“特种焊接技术”“焊接自动化技术”“焊接生产管理”“先进焊接与连接”“非熔化极气体保护焊”“焊接工艺评定”“切割技术”共12门专业核心课程。课程资源包括课程标准、教学设计、教材、教学课件、教学录像、习题与试题库、任务工单、课程评价方案、技术资料和参考资料、图片、文档、音频、视频、动画、虚拟仿真、企业案例及其他资源。其中，新型立体化教材是其中重要的建设成果。与传统教材相比，本套教材采用了全新的课程体系，加入了焊接技术最新的发展成果。

焊接行业、企业及学校三方联动，针对“书是书、网是网”，课本与资源库毫无关联的情况，开发互联网+资源库的特色教材，为教材设计相应的动态及虚拟互动资源，弥补纸质教材图文呈现方式的不足，进行互动测验的个性化学习，不仅使学生提高了学习兴趣，而且拓展了学习途径。在专业课程体系及核心课程建设小组指导下，由行业专家、企业技术人员和专业教师共同组建核心课程资源开发团队，融入国际标准、国家标准和焊接行业标准，共同开发课程标准，与机械工业出版社共同统筹规划了特色教材和相关课程资源。本套新型的焊接专业课程教材，充分利用了互联网平台技术，教师使用本套教材，结合焊接技术与自动化网络平台，可以掌握学生的学习进程、效果与反馈，及时调整教学进程，显著提升教学效果。

教学资源库正在改变当前职业教育的教学形式，并且还将继续改变职业教育的未来。随着信息技术的进步和教学手段不断完善，教学资源库将会以全新的形态呈现在广大学习者面前，本套教材也会随着资源库的建设发展而不断完善。

教学资源库配套教材编审委员会

2017年10月

前言

焊接技术是机械制造关键技术之一，已广泛地应用于工业生产的各个部门，在推动工业的发展和产品的技术进步以及促进国民经济的发展中都发挥着重要作用，在“中国制造”向“优质制造”和“精品制造”转型升级中具有重要的支撑作用。

本书是以熔化极气体保护焊焊接方法为主线、以《特种设备焊接操作人员考核细则》规定的熔化极气体保护焊焊工考核项目为载体编写的，所选取的教学内容与工作岗位的工作内容及工作过程相一致，力求学与做之间的统一，学生的专业能力、方法能力、社会能力与工作岗位的要求相一致；同时将特种设备行业标准及职业标准融入教材内容，依据高职教学特点以“项目化”教学模式进行内容的编排，明确每个教学项目和任务的能力目标、知识目标和素质拓展目标，体现理论与实践相结合的原则。

国家高等职业教育焊接技术与自动化专业教学资源库建设项目中，“熔化极气体保护焊”课程是核心课程之一，为了更好地为资源库的应用提供支撑，使广大学习者利用资源库进行学习，本书链接了大量的网络资源。本书既可以作为资源库配套用书，也可以作为自学教材。本书主要内容根据《焊工国家职业技能标准》初、中、高级的技能要求依次递进，将理论知识融入每个教学任务，实现知识与技能的有机结合，从简单的平焊到复杂的管对接焊接，从低碳钢到不锈钢及铝合金的焊接。本书以 V 形坡口对接焊接为主线，主要包括三个教学项目，即低碳钢板 V 形坡口平对接焊接、低碳钢板 V 形坡口横对接焊接和低碳钢板 V 形坡口立对接焊接，以及一个自主项目——低碳钢板 V 形坡口仰对接焊接，涵盖了设备的安装调试、不同位置焊接操作方法，焊接参数的选择及焊接质量检验。

本书的特色如下。

1）本书内容与职业标准和行业标准对接，实现了职业能力要求与教学内容的统一。

2）本书内容与工作岗位要求的知识、能力和素质一致，体现了工学结合，实现了教学内容与工作岗位要求的统一。

3）本书采用“项目化”教学模式进行内容的编排，体现理论与实践相结合的原则。

4）强调过程考核。改革过去注重理论知识考核和单一的期末试卷笔试的做法，突出能力本位，强调对工作过程的考核。在工作任务完成过程中进行过程考核，强调对学生在完成工作任务过程中所展示的专业能力、方法能力和社会能力等职业综合素质进行考核。

本书建议学时为 56 学时。本书建议在“教、学、做一体化”实训基地中或具有良好网络环境的多媒体教室中进行学习。实训基地中应具有教学区、实训区和资料区等，能够满足学生自主学习和完成工作任务的需要。具有良好网络环境的多媒体教室便于使用资源库中的资源进行教学。

本书与教学资源库内容有机融合，形成了包含微课、视频、动画、文本、图表和题库等资源，数字化、自主学习型的创新教材。本书与教学资源库中的各类资源共同构成了服务资源库教学应用的立体化资源。

本书是与南车集团戚墅堰机车车辆厂和包头职业技术学院等单位合作，共同编写的。本书由常州工程职业技术学院姜泽东任主编，包头职业技术学院宋博宇和南车集团戚墅堰机车车辆厂吴淑玄参加编写。本书由常州工程职业技术学院陈保国教授任主审。

本书在编写过程中，得到了常州工程职业技术学院史维琴、吴叶军、马国新、李书齐、张鑫、张亮、任卫东、徐敬岗等老师以及常州锅炉有限公司羊文新高级工程师和无锡汉神电气股份有限公司何晓阳、刘海军等企业专家及专业技术人员的大力支持，在此一并表示衷心的感谢。对在本书编写过程中给予过支持的朋友以及所参考并引用的有关书籍、论文、文献资料和插图的原作者表示衷心的感谢。

由于编者水平有限以及时间仓促，错误和不足之处在所难免，敬请读者批评指正。

编　者

目录

项目一

低碳钢板 V 形坡口平对接焊接

项目导入

本项目作为熔化极气体保护焊教学入门项目，是按照《焊工国家职业技能标准》（2009 版）要求设定的。教学过程中以 12mm 低碳钢板 V 形坡口平对接焊接为载体分析熔化极气体保护焊焊接操作人员工作岗位所需的知识能力和素质要求，根据焊接操作人员工作岗位的具体要求，凝练岗位典型工作任务，强调教学内容与完成典型工作任务要求相一致。教学过程中主要使学生理解熔化极气体保护焊的分类和特点，掌握熔化极气体保护焊的原理，能正确安装与调试熔化极气体保护焊焊接设备，正确调节焊接参数，并安全操作焊接设备；同时能选择合适的焊接参数进行低碳钢板 V 形坡口平对接打底层、填充层和盖面层焊接，并能够分析焊接过程中常见焊接缺陷的产生原因、分析焊接接头的组织和性能，检测焊缝的外观质量。教学过程中建议采用项目化教学，学生以小组的形式完成任务，培养学生自主学习、与人合作、与人交流的能力。

学习目标

1. 能够正确安装、调试和使用熔化极气体保护焊焊接设备。
2. 能够选择合适的焊接参数并熟练进行焊接操作。
3. 能够进行熔化极气体保护焊 V 形坡口平对接单面焊双面成形焊接操作。
4. 能够分析平焊过程中常见焊接缺陷的产生原因并采用相应的防止措施。
5. 能够概述熔化极气体保护焊接焊接方法。
6. 能够说明熔化极气体保护焊焊接设备的安装、调试和使用方法。
7. 能够解释熔化极气体保护焊焊接参数的调节方法。
8. 能够列举熔化极气体保护焊焊接设备的常见故障和检修方法。
9. 能够说明熔化极气体保护焊平对接打底层、填充层和盖面层焊接操作方法。
10. 能够说明焊缝的外观质量检测方法。

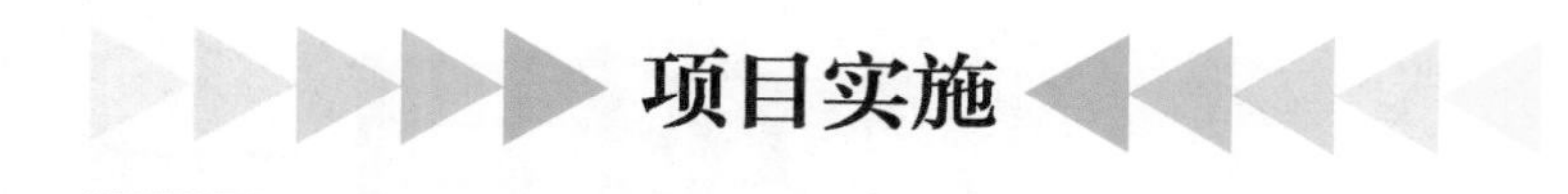

项目实施

任务一　熔化极气体保护焊焊接设备的安装与调试

任务解析

本次教学任务是掌握熔化极气体保护焊焊接方法的原理和特点，能正确安装与调试送丝装置、供气系统、焊接电源和焊枪等焊接设备；了解熔化极气体保护焊基本操作要领，掌握基本的焊接操作方法，能正确调节焊接参数，安全操作焊接设备。

必备知识

一、熔化极气体保护焊概述

（一）熔化极气体保护焊工作原理

在熔焊过程中，为了得到质量优良的焊缝，必须有效地保护焊接区，防止空气中有害气体的侵入，以满足焊接冶金过程的需要。焊条电弧焊、埋弧焊采用渣－气联合保护，而气体保护焊采用气体保护。

随着工业生产和科学技术的迅速发展，各种有色金属、高合金钢、稀有金属的应用日益增多，对于这些金属材料的焊接，以渣保护为主的熔焊方法很难适应，而采用气体保护焊，能够可靠地保证焊接质量，以弥补焊条电弧焊和埋弧焊的局限。同时，气体保护焊在薄板、高效焊接方面，还具备独特的优越性，因此在焊接生产中的应用日益广泛。

气体保护焊是通过电极（焊丝或钨极）与母材间产生的电弧熔化焊丝（或填丝）及母材，形成熔池金属。电极、电弧和焊接熔池依靠自焊枪喷嘴喷出的保护气体防止空气的侵入，从而获得完好接头。气体保护焊直接依靠从喷嘴中连续送出的气流，在电弧周围造成局部的气体保护层，使电极端部、熔滴和熔池金属处于保护气体内，机械地将空气与焊接区隔绝，以保证焊接过程的稳定性，并获得质量优良的焊缝。气体保护焊方式示意图如图 1-1 所示。

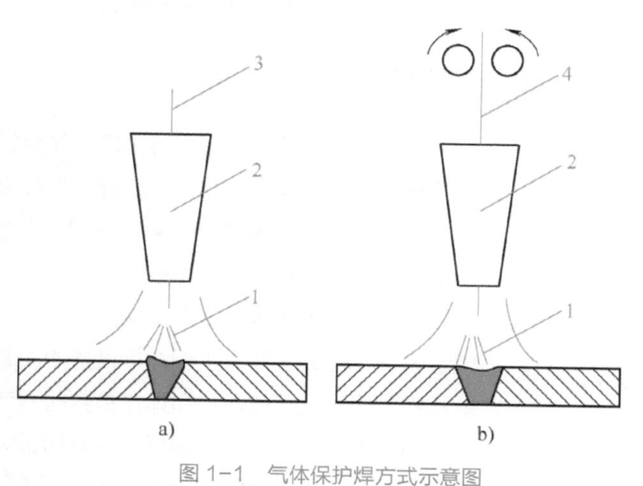

图 1-1　气体保护焊方式示意图

a）非熔化极气体保护焊　b）熔化极气体保护焊

1—电弧　2—喷嘴　3—钨极　4—焊丝

熔化极气体保护焊示意图如图 1-2

所示。由焊丝盘拉出的焊丝经送丝滚轮送入焊枪，再经导电嘴送出后与母材之间产生电弧，以此电弧为热源熔化焊丝和母材，其周围有自喷嘴喷出的气体保护电弧及焊接区，隔离空气，保证焊接过程的正常进行。

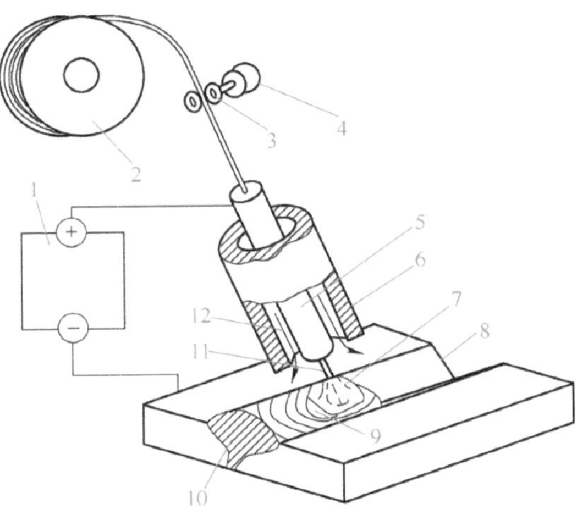

图 1-2　熔化极气体保护焊示意图

1—焊接电源　2—焊丝盘　3—送丝滚轮　4—送丝电动机　5—导电嘴　6—喷嘴
7—电弧　8—母材　9—熔池　10—焊缝金属　11—焊丝　12—保护气体

（二）熔化极气体保护焊的分类

熔化极气体保护焊的分类方法很多，通常的分类方法见表 1-1。熔化极气体保护焊可分为实芯焊丝气体保护焊和药芯焊丝电弧焊；按所采用的保护气体的种类分，熔化极气体保护焊可分为二氧化碳（CO_2）气体保护焊、惰性气体保护焊 (MIG 焊)、活性气体保护焊 (MAG 焊) 等。熔化极惰性气体保护焊简称为 MIG 焊 (Metal Inert-Gas Arc Welding)，熔化极活性气体保护焊简称为 MAG 焊（Metal Active-Gas Arc Welding)。

表 1-1　熔化极气体保护焊通常的分类方法

	按保护气体分类	采用的保护气体
熔化极气体保护焊	二氧化碳气体保护焊	CO_2
		O_2+CO_2
	惰性气体保护焊	Ar
		He
		Ar+He
	活性气体保护焊	$Ar+CO_2$
		$Ar+O_2$
		$Ar+O_2+CO_2$

气体保护焊时，要依靠保护气体在焊接区形成保护层，同时电弧又在气体中放电，因此，保护气体的性质与焊接状态和质量有着密切的关系。

焊接用的保护气体主要有氩气（Ar）、氦气（He）、氮气（N_2）、氢气（H_2）、二氧化碳气体（CO_2）。在气体保护焊的初期，使用的大多是单一气体。在不断的焊接实践中，发现在一种气体中加入一定比例的另一种气体，可以提高电弧稳定性和改善焊接效果。因此，现在采用混合气体保护的方法也很普遍。

常用保护气体的选择见表 1–2。由于各种保护气体的化学性质和物理特征不同，其适用范围有所区别。

表 1–2　常用保护气体的选择

<table>
<tr><th>被焊材料</th><th>气体保护</th><th>体积分数</th><th>化学性质</th><th>焊接方法</th></tr>
<tr><td rowspan="2">铝及其合金</td><td>Ar</td><td></td><td rowspan="2">惰性</td><td rowspan="2">熔化极和钨极</td></tr>
<tr><td>Ar+He</td><td>He（10%）</td></tr>
<tr><td rowspan="3">铜及其合金</td><td>Ar</td><td></td><td rowspan="2">惰性</td><td>熔化极和钨极</td></tr>
<tr><td>$Ar+N_2$</td><td>N_2（20%）</td><td rowspan="2">熔化极</td></tr>
<tr><td>N_2</td><td></td><td>还原性</td></tr>
<tr><td rowspan="3">不锈钢</td><td>Ar</td><td></td><td>惰性</td><td>钨极</td></tr>
<tr><td>$Ar+O_2$</td><td>O_2（1%~12%）</td><td rowspan="2">氧化性</td><td rowspan="2">熔化极</td></tr>
<tr><td>$Ar+O_2+CO_2$</td><td>O_2（3%~7%）;
CO_2（5%~15%）</td></tr>
<tr><td rowspan="3">碳钢及低合金钢</td><td>CO_2</td><td></td><td rowspan="3">氧化性</td><td rowspan="3">熔化极</td></tr>
<tr><td>$Ar+CO_2$</td><td>CO_2（10%~30%）</td></tr>
<tr><td>O_2+CO_2</td><td>O_2（10%~15%）</td></tr>
<tr><td rowspan="2">钛及其合金</td><td>Ar</td><td></td><td rowspan="2">惰性</td><td rowspan="2">熔化极和钨极</td></tr>
<tr><td>Ar+He</td><td>He（25%）</td></tr>
<tr><td rowspan="3">镍基合金</td><td>Ar</td><td></td><td rowspan="2">惰性</td><td rowspan="2">熔化极和钨极</td></tr>
<tr><td>Ar+He</td><td>He（15%）</td></tr>
<tr><td>$Ar+N_2$</td><td>N_2（6%）</td><td>还原性</td><td>钨极</td></tr>
</table>

氩气、氦气是惰性气体，对于化学性质活泼而易与氧反应的金属，是非常理想的保护气体，故常用于铝、镁、钛等金属及其合金的焊接。由于氦气的消耗量大，而且价格昂贵，所以很少采

用单一的氦气，而常和氩气等混合使用。熔化极气体保护焊通常采用的保护气体有氩气、氦气、二氧化碳气体或这些气体的混合气体。氮气、氢气是还原性气体。氮气可以同多数金属起反应，是焊接中的有害气体，但是对于铜及其合金而言是惰性的，可作为铜及其合金焊接的保护气体。氢气主要用于氢原子焊，目前这种方法已很少应用。二氧化碳气体是氧化性气体。由于二氧化碳气体的来源丰富，而且成本低，因此值得推广和应用，目前主要用于碳钢及低合金钢的焊接。氩气中添加少量氧气可提高电弧的稳定性，降低熔滴与焊丝分离的表面张力，从而提高填充金属过渡的熔滴细化率，改善焊缝润湿性、流动性和焊缝成形，适当减轻咬边倾向，使焊道平坦。氩气加1%（体积分数）氧气主要用于不锈钢的喷射过渡焊，1%（体积分数）氧气一般足以使电弧稳定，改善熔滴细化率、与母材熔合及焊缝成形。有时添加少量氧气也用于焊接非铁金属。氩气加2%（体积分数）氧气用于碳钢、低合金钢、不锈钢的喷射电弧焊，它比加1%（体积分数）氧气更能增加焊缝润湿性，且力学性能和耐蚀性基本不变。保护气体成分不同时，对焊接质量的影响不同。

1. 二氧化碳气体（CO_2）

二氧化碳气体多用于焊接碳钢和部分低合金钢。二氧化碳的最小单位（分子）是由一个碳原子和两个氧原子组成的化合物。因为这个化合物处于全饱和状态，不和其他物质产生反应。二氧化碳气体是一种无色无味的气体。在市场上二氧化碳被作为碳酸（二氧化碳的水溶液）出售。和空气相比，二氧化碳气体的流动性好，密度较大，在电弧区受热后体积和压力增大（分子分解所引起），从而使二氧化碳气体具有良好的保护作用，可以可靠地防止产生气孔。二氧化碳气体对焊接的影响表现在以下三个方面。

（1）对电弧的影响　对于气体保护焊，电弧除了受到金属烟雾的影响外，还在很大程度上受到保护气体导热性的影响。二氧化碳气体导热性好，故导电的电弧截面小，所以采用二氧化碳气体时电弧的电压降和电流密度比采用混合保护气体时大一些，其电弧电压比采用混合保护气体时大4V。尽管二氧化碳气体保护焊时电弧有高的能量密度，用正常焊接参数焊接时在焊缝中心不会产生指状熔池。二氧化碳气体的导热性好，除了引起分子变化外（$CO_2 \rightleftharpoons CO+O$），在相同的电弧功率下焊缝熔池成形比用富氩混合保护气体时明显宽一些。故只需少量地侧向摆动焊丝，便可以得到较宽的熔池。二氧化碳气体保护焊特别适用于某些特殊位置的焊接，尤其是厚壁工件立向下焊缝的焊接。

（2）对熔滴过渡的影响　二氧化碳气体保护焊（CO_2焊）时，由于电弧的电流密度和温度较高，靠发热和分子分解时产生的爆炸压力实现熔滴过渡。此外，在较大电弧功率时电弧的熔滴过渡有可能引起短路。这种作用在电弧上的力和短路过程使熔滴过渡变得较困难，往往会造成剧烈飞溅，并会因振动而导致熔池位移。为便于熔滴过渡，可采取选择合适的电弧工作点、缩短焊丝伸出端的长度、选用合适的焊丝材料和直径以及调节电功率等措施。

在CO_2焊时，必须非常仔细地调节电压和电流（熔化功率）。电流的变化曲线对电弧相位有很大的影响。尤其重要的是短路后再次引弧时的电功率不宜过高。只要全面考虑了各种可能的影响因素，可以得到光滑的焊缝和较少的飞溅量。

采用二氧化碳保护气体焊接壁厚1mm以下的薄壁工件比较困难；另外，当开I形或V形坡口且无铜垫、间隙大时，焊缝搭桥性能不如采用混合气体的气体保护焊。

CO_2焊时，电弧不能采用脉冲电流控制熔滴过渡。只有在保护气体区具有较高的CO_2含量（体积分数为80%），并在焊枪旁通过一个附加喷嘴向电弧区内喷入纯氢气才能得到喷射电弧和脉冲电弧。

（3）对焊渣的影响　CO_2焊产生的焊渣较多。在焊接小焊缝时，焊渣沉积区可能出现不均匀成形的焊道。当采用大功率焊接时，焊渣易造成熔池剧烈振动，若焊接参数选择不当将会引起咬边。

2. 氩气和二氧化碳气体混合气体

焊接碳钢和低合金钢时，可以采用二氧化碳气体含量为10%~30%（体积分数）的富氩混合保护气体，可使用实芯焊丝和充填（空芯）焊丝，一般不宜用于焊接奥氏体铬镍不锈钢。和用纯氩气时相比较，随着氩气中二氧化碳气体含量的增加，熔池变深，气孔敏感性小，焊渣量大。只要电弧不是过长，工件表面没有氧化皮和铁锈，产生的焊渣比用纯二氧化碳气体时明显降低。当采用短弧、喷射弧和脉冲弧工作时，只要焊接参数合理，焊接时的飞溅很小。现分述如下。

（1）短弧　采用氩气和二氧化碳气体混合气体保护的短弧焊，适用于薄板连接和间隙大时搭桥。对于强制位置焊，尤其是厚壁工件立向下角焊缝，应优先采用高二氧化碳气体含量的保护气体，从而可以减少因焊接速度不均匀和运条不当造成的连接缺陷。

（2）喷射弧　电弧功率较大时，用低二氧化碳气体含量的混合保护气体焊接也可得到喷射弧。当二氧化碳气体含量超过15%（体积分数）后，熔滴变大，伴随短路，形成部分熔滴过渡。在二氧化碳气体含量超过30%（体积分数）以后，熔滴过渡情况和二氧化碳气体保护焊时很类似，防止产生气孔的可靠性增加，由于此时氩气中的二氧化碳气体较多，熔池深度增大，但同时也增加了焊渣量和飞溅。在喷射弧区内，如焊到大间隙或工件边缘，往往会由于偏吹而出现剧烈的飞溅。

（3）脉冲弧　随着二氧化碳气体含量增加，脉冲弧焊较困难。只有在焊枪结构上采取一定措施，将两种保护气体分别送入电弧区时，才能在采用高二氧化碳气体含量的混合气体时得到脉冲弧，这一点也同样适用于喷射弧。根据电源的动态特性曲线和其他的焊接条件，在短弧和喷射弧间的工作点可能会引起剧烈的飞溅。故应避免在此中间区域施焊，应调节成脉冲弧以减少飞溅。

3. 氩气和氧气混合气体

焊接钢材时，氩气与氧气的混合气体中氧气含量为1%~12%（体积分数）。这种混合气体和纯氩气相比，熔池较深并且烧损较大。若增加混合气体中的氧气含量，可降低熔滴过渡时的表面张力，减小熔化范围，形成平坦而光滑的焊道。这种混合气体适用于焊接奥氏体铬镍不锈钢。它的优点在于焊缝金属不会渗碳；可通过改变氧气含量和焊丝化学成分等措施控制电弧工作点，以调节烧损。尽管采用这种混合气体焊接后焊缝金属的韧性有一些降低，但一般情况下仍能达到材料要求的冲击韧度。

（1）喷射弧和脉冲弧　在氩气和氧气的混合气体中喷射弧和脉冲弧很稳定。和氩气与二氧化碳气体混合气体相比，喷射弧的工作范围在较小的电弧功率时便已开始。由于电弧形状取决于氩气，也由于焊丝端部的表面张力较小，故过渡形式为一种小体积和无飞溅状的熔滴过渡。飞溅少是因为较小的体积和较少焓的缘故。工件熔池不大，熔滴分离较容易。在保护气体喷嘴上只有少量飞溅，能不间断地焊较长的焊缝，不需要中途停止以清洁保护气体喷嘴。

（2）短弧　采用氩气和氧气的混合气体很适合用短弧焊接薄壁工件。对于强制位置的厚壁工件，应改用氩气和二氧化碳气体混合气体或二氧化碳气体保护焊，因为采用氩气和氧气混合气体焊接时熔池的表面张力较小，尤其是焊立向下焊缝时，会出现熔池过快前跑的危险。在向上焊或其他强制位置，当电弧功率足够大时，很难避免出现较大的焊缝拱顶。

4. 氩气、二氧化碳和氧气三元混合气体

这种混合气体的一般组成为3%~7%（体积分数）氧气和5%~15%（体积分数）二氧化碳气体，其余为氩气。它适用于焊接碳钢和低合金钢。只有当二氧化碳含量低于5%（体积分数）时，才允许将这种混合气体用于焊接有腐蚀应力的奥氏体铬镍不锈钢。这种三元混合气体的优点是兼有氩气和二氧化碳气体以及氩气和氧气这两种混合气体的特点。当采用短弧焊接时，它特别适用于薄板和大间隙搭桥焊。在采用有高熔敷量的喷射弧时，熔滴过渡很细，几乎看不见飞溅。在这种三元混合气体中若减少二氧化碳气体含量，增加氧气含量，也可勉强用于强制位置厚壁工件的焊接。

（三）熔化极气体保护焊的特点

与焊条电弧焊、埋弧焊等相比，熔化极气体保护焊在工艺性、接头质量、焊接过程自动化控制、生产率、经济效益等方面具有以下优点。

1）熔化极气体保护焊是在明弧下进行焊接，在焊接过程中易于观察电弧与熔池情况，便于发现问题并及时调整，有利于对焊接过程和焊缝成形质量进行控制。

2）熔化极气体保护焊不需要采用焊条或焊剂，焊后不需要对焊缝表面清渣，可以省掉清渣的辅助工时，在多层焊时更为突出，能提高劳动生产率和降低焊接成本。

3）气体保护焊的类型较多，只要通过改变电极材料和焊丝直径、保护气体成分和焊接参数，就可以用于焊接薄壁结构与零件，也可以实现厚大结构件的焊接。

4）节省焊接材料、能源消耗小。二氧化碳气体保护焊时，焊丝有效利用率可达到95%以上，而焊条电弧焊时的有效利用率一般只能达到65%。在焊接中、厚板时，由于坡口角度的减小，减少了焊缝金属填充量，不但节省了焊接材料，也使能源消耗大大降低。

5）由于焊丝连续送进，焊接过程易于实现机械化和智能控制的全自动焊接。

熔化极气体保护焊也存在着一些不足之处，主要表现在由于是明弧焊接和大电流密度焊接，电弧光辐射较强，应加强操作者的劳动保护；焊枪喷嘴喷出的保护气流属于柔性气体，易受侧风干扰而破坏其保护效果，因此熔化极气体保护焊不宜在露天或有风的条件下施焊；熔化极气体保护焊的设备比较复杂，对操作者的操作要求更高。

（四）熔化极气体保护焊应用

熔化极气体保护焊适用于焊接不同的金属结构，一般二氧化碳气体保护焊适用于焊接碳钢、低合金钢；惰性气体保护焊除了适用于焊接碳钢、低合金钢外，也适用于焊接铝、铜等有色金属及其合金。

就焊接位置而言，熔化极气体保护焊适用于各种位置的焊接，特别是二氧化碳气体保护焊由于电弧有一定的吹力，更适合全位置的焊接。几种熔化极气体保护焊的应用如下。

1. 二氧化碳气体保护焊

二氧化碳气体保护焊具有如下特点。

1）生产率高。采用较粗的焊丝（焊丝直径≥ 1.6mm）焊接时，可以使用较大的电流，实现射滴过渡，电流密度可达 100 ~ 300A/mm^2。焊丝的熔化系数大，母材的熔透深度大。另外，这种方法基本上没有焊渣，一般不需要清渣，从而节省了许多辅助时间，因此可以较大地提高焊接生产率。

2）焊接变形小。由于电流密度大，热量集中，受热面积小，故焊后工件变形小。特别是焊接薄板时，往往不需要焊后校形工序。

3）属于低氢型焊接方法，焊缝氢气含量很低，所以在焊接低合金钢时不易产生冷裂纹。

4）采用短路过渡方式焊接时，有利于全位置及其他空间位置的焊接。

5）此种方法属于明弧焊，电弧可见性好，采用半自动焊接法进行曲线焊缝和空间位置焊缝的焊接十分方便。

6）操作简单，容易掌握。

7）焊接飞溅较大是其不足之处。

二氧化碳气体保护焊一般用于汽车、船舶、管道、机车车辆、集装箱、矿山及工程机械、电站设备、建筑等金属结构的焊接生产。二氧化碳气体保护焊采用细丝、短路过渡的方法可以焊接薄板；采用粗丝、射流过渡的方法可以焊接中、厚板；二氧化碳气体保护焊可以进行全位置焊接，也可以进行平焊、横焊及其他空间位置的焊接。

二氧化碳气体保护焊工作原理如图 1-3 所示。

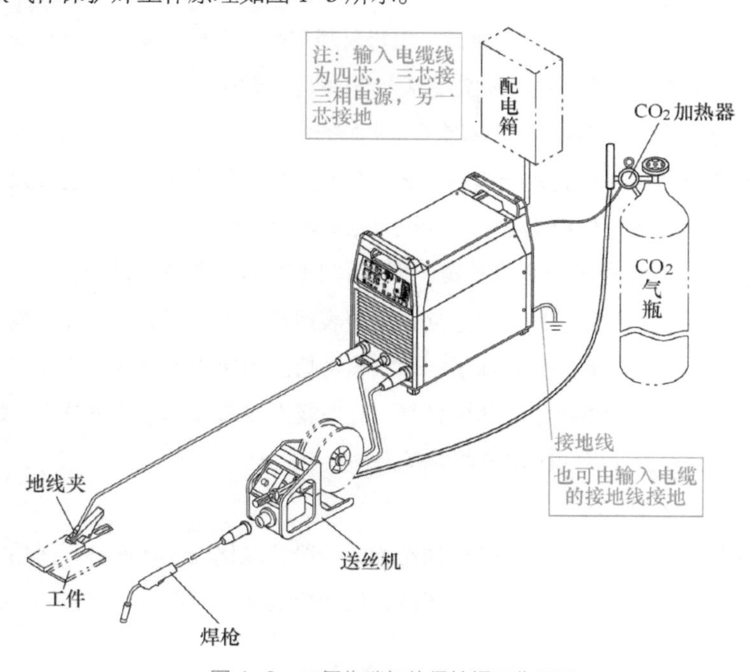

图 1-3 二氧化碳气体保护焊工作原理

2. 熔化极活性气体保护焊

采用实芯焊丝的富氩混合气体保护电弧焊为熔化极活性气体保护焊，简称为 MAG 焊。MAG 焊多应用于碳钢、低合金钢的焊接，可以提高电弧的稳定性和焊接效率，在汽车制造、化工机械、工程机械、矿山机械、电站锅炉等行业得到了广泛的应用。MAG 焊是以富氩气体保护的弧焊方法，主要优点如下。

1）在富氩气体保护下的焊接电弧稳定。不但射滴过渡与射流过渡时电弧稳定，而且在小电流 MAG 焊的短路过渡情况下，电弧对熔滴的排斥作用较小，从而保证了 MAG 焊短路过渡的飞溅量较少，与 CO_2 焊相比，飞溅量减少 50% 以上。

2）由于 MAG 焊时熔滴过渡均匀、稳定，所以焊缝成形均匀、美观。

3）由于电弧气氛的氧化性很弱，甚至无氧化性，MAG 焊不但可以焊接碳钢、高合金钢，而且还可以焊接不锈钢等。

4）与 CO_2 焊相比，大大地提高了焊接工艺性和焊接效率。

3. 熔化极惰性气体保护焊

熔化极惰性气体保护焊（MIG 焊）可以采用半自动或全自动焊接，应用范围较广。MIG 焊可以对各种材料进行焊接，但现在一般常用于焊接铝、铜、镁及其合金和不锈钢。

（1）MIG 焊的原理　MIG 焊的基本原理与 CO_2/MAG 焊一样，所不同的是 MIG 焊所用的保护气体为氩气等惰性气体。MIG 焊使用相对比较便宜且容易买到的氩气。另外，根据焊接材料的不同，为了提高电弧的稳定性，可在氩气中混合数个体积百分比的氧气。

（2）MIG 焊的主要特点

1）电弧稳定、飞溅少、焊缝外观漂亮。

2）由于焊丝熔化速度快、熔深大、焊接效率高。

3）可以焊接铝、不锈钢、铜合金等各种金属，使用广泛。

4）由于使用惰性气体作为保护，焊缝中的杂质含量较少。

5）MIG 焊的缺点为无法在强风处使用及保护气体价格比较高。对于前者通过使用防风对策后，即使在工地现场也得到了广泛使用。对于后者，在焊接钢铁材料时可采用价格便宜的二氧化碳气体，MIG 焊一般用于非铁金属的焊接。

（3）清洁作用　在焊丝接正极（直流反极性）的 MIG 焊中，在母材表面的氧化膜上产生阴极斑点，由于阴极斑点处电流密度很大，可以简单地将氧化膜去掉。另外，因为阴极斑点有自动寻找氧化膜的性质，所以，可以不断除去氧化膜。

因为可以将氧化膜去掉，所以将上述作用称为“清洁作用”。在焊接表面覆有致密的氧化膜的铝材时，清洁作用很重要。

（4）MIG 焊的冶金特点　惰性气体（Ar 或 He）既不与高温的液体金属发生化学反应，也不溶解于金属中。在焊接时它能屏蔽电弧与熔池周围的空气而起到保护作用，所以适用于焊接铝、镁和不锈钢等金属。

因 MIG 焊是利用惰性气体（Ar 或 He）作为保护气体，所以冶金反应比较单纯，在理想情况下基体金属和焊丝中所含有的各种元素几乎不烧损，但是实际上合金元素总会减少，主要原因如下。

1）合金元素的蒸发。在电弧空间和电极斑点处的温度高达几千度，甚至近万度，超过了被焊金属本身和合金元素的沸点，所以能使沸点低而在液体金属中饱和蒸气压高的合金元素蒸发，如 Al-Mg 合金、Cu-Zn 合金和 Fe-Mn 合金中的 Mg、Zn、Mn 三种元素是极易蒸发的。

2）气体介质的影响。MIG 焊中惰性气体的杂质和 MAG 焊中的氧化性气体，都会与熔化的基体金属和焊丝发生化学反应。例如，一般工业用氩气是制氧的副产品，虽经提纯，氩气中仍含有微量的氧、氮和水分等。它们将与金属发生冶金反应。

二、熔化极气体保护焊焊接设备

（一）二氧化碳气体保护焊焊接设备

半自动二氧化碳气体保护焊焊接设备如图 1-4 所示，主要由四部分组成，即焊接电源、供气系统、送丝装置和焊枪。

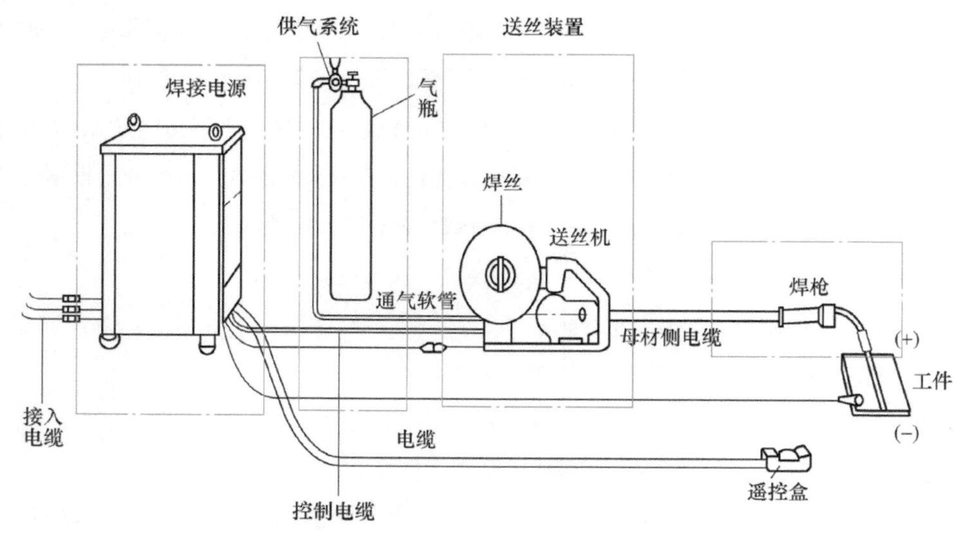

图 1-4　半自动二氧化碳气体保护焊焊接设备

1. 焊接电源

目前生产中应用较多的是整流式焊接电源，包括抽头式硅整流电源、晶闸管式电源和逆变电源等。

（1）抽头式硅整流电源　抽头式硅整流电源主要由主变压器、整流器和直流输出电抗器三大部分组成。抽头式硅整流电源的外特性曲线基本上是平特性。抽头式硅整流电源的优点为：结构简单、维修方便、价格低廉、电源动特性好、使用可靠；其缺点是对网路电压的波动没有补偿能力，焊接参数稳定性较差。

（2）晶闸管式电源　晶闸管式电源是利用晶闸管作为整流和控制元件。它主要由四部分组成，即主变压器、晶闸管整流器、直流输出电抗器和触发电路。

晶闸管式电源具有如下特点。

1）控制性能好。通过选择不同的反馈方式及不同的反馈深度，即可获得所需要的外特性；同时具有较好的网路电压及环境温度补偿能力。

2）动特性好。反应速度快，除可用于一般焊接过程外，还可用于脉冲焊等。

3）电压或电流的调节范围大，并可实现遥控。

4）电源输入功率小，节能及节省焊机的材料消耗。

（3）逆变电源　逆变电源是目前最新型的焊接电源。逆变电源的工作原理是将网路交流电经整流后变为直流电，然后又将此直流电经一逆变回路再变为高频率的交流电，此高频交流电经一高频变压器降压后再整流为直流电，此直流电即可用于焊接。

逆变电源具有体积小、重量轻、性能优的特点，具有良好的动特性，焊接时飞溅小、焊缝成形美观、噪声大大降低，有利于改善劳动环境。

逆变焊机如图 1-5 所示。

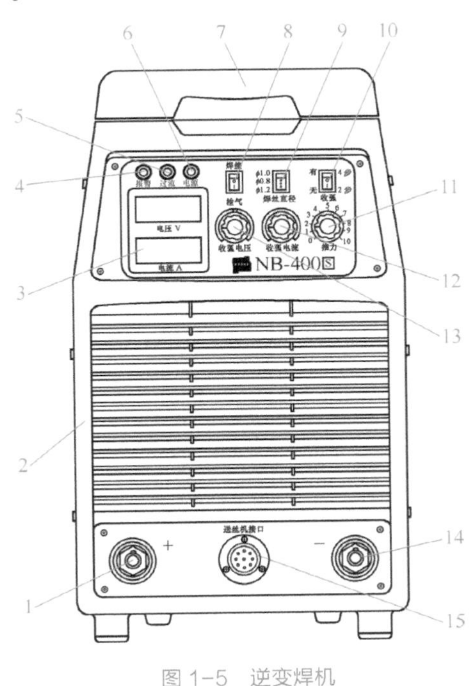

图 1-5　逆变焊机

1—焊接电缆插座正极　2—主壳体　3—电流、电压显示表　4—报警指示灯　5—过流指示灯　6—电源指示灯　7—提梁　8—焊接 / 检气选择开关　9—焊丝直径选择开关　10—收弧方式选择开关　11—推力调节旋钮　12—收弧电流调节旋钮　13—收弧电压调节旋钮　14—焊接电缆插座负极　15—送丝机航空插座

2. 供气系统

二氧化碳气体保护焊的供气系统包括二氧化碳气瓶、预热器、干燥器、减压阀、流量计和电磁气阀等（图 1-6）。

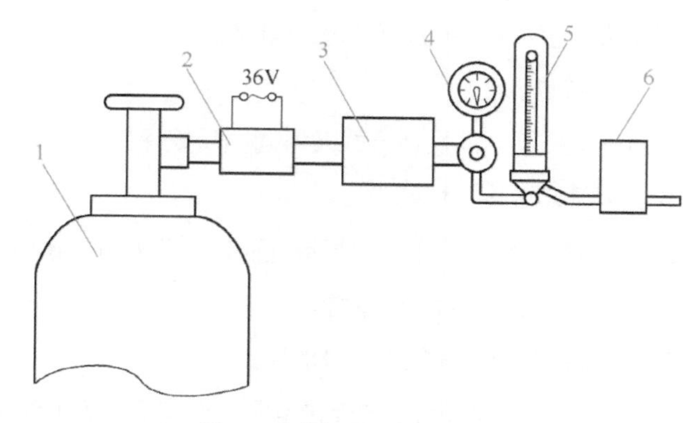

图 1-6　供气系统示意图

1—二氧化碳气瓶　2—预热器　3—干燥器　4—减压阀　5—流量计　6—电磁气阀

3. 送丝装置

送丝装置由送丝机和焊丝组成。

送丝机共分为四种形式，即推丝式、拉丝式、推拉式和加长推拉式。

1）推丝式送丝机。推丝式送丝机一般用于直径为 0.8~2.0mm 的焊丝，目前应用最广。这种方式的送丝软管长度通常为 3~5m。

2）拉丝式送丝机。拉丝式送丝机主要用于直径不超过 0.8mm 的焊丝，焊丝盘与送丝电动机均装在焊枪上，焊工劳动强度较大。

3）推拉式送丝机。推拉式送丝机为推丝式与拉丝式两者的结合。但由于它结构复杂，调整不便，焊枪重，目前基本不被采用。

4）加长推拉式送丝机。加长推拉式送丝机加长了电缆线长度，弥补了传统式推丝焊枪线过短的缺点。

送丝滚轮是直接送丝的元件，与加压滚轮、校直轮等一起装在送丝机本体上（图 1-7）。送丝滚轮表面一般加工出 V 形槽，大小与焊丝直径相对应，并且在送丝滚轮的侧面打钢字，标明对应的焊丝直径。大部分送丝滚轮上开有两个不同尺寸的 V 形槽，在拆装时要注意标记，根据焊丝直径选择其安装正、反面。在实际生产中，合理调节加压滚轮的压力十分重要，如因送丝阻力过大而影响送丝时，不可一味地加大加压滚轮的压力，以防止将焊丝压扁，而应全面检查送丝阻力大的原因，如软管是否堵塞、导电嘴是否损坏、软管是否过分弯曲等。

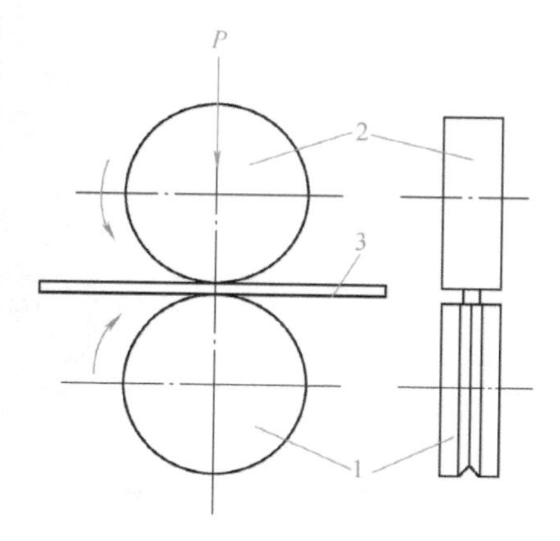

图 1-7　送丝滚轮示意图

1—主动轮　2—从动轮　3—焊丝　*P*—压紧力

4. 焊枪

1）焊枪种类。二氧化碳气体保护焊用焊枪，按其应用方式分为半自动焊枪与自动焊枪；按其结构形式分为鹅颈式（图 1-8）与手枪式（图 1-9）；按送丝方式分为推丝式与拉丝式；按冷却方式分为空冷式与水冷式。

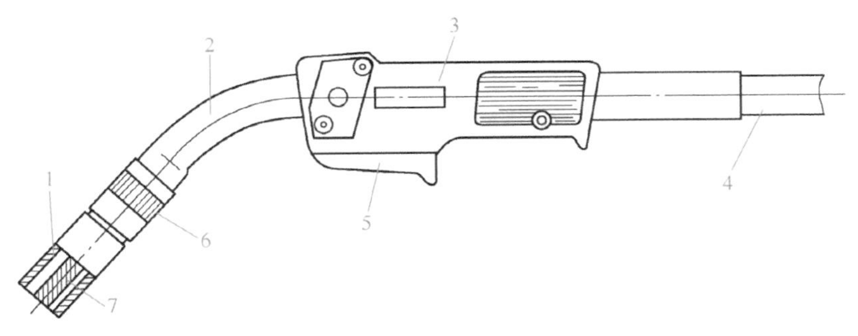

图 1-8　鹅颈式焊枪

1—喷嘴　2—管　3—焊把　4—电缆　5—扳机开关　6—绝缘接头　7—导电嘴

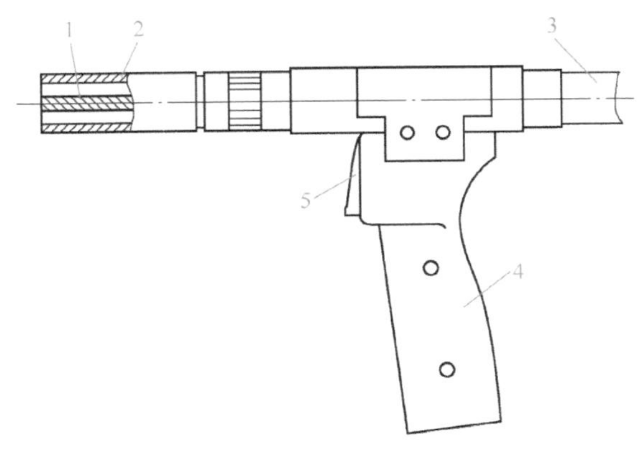

图 1-9　手枪式焊枪

1—导电嘴　2—喷嘴　3—电缆　4—焊把　5—扳机开关

2）送丝软管。送丝软管的作用是将焊丝从送丝机导向焊枪。目前常用的送丝软管为送丝、送气、导电三者合为一体的一线式软管。

3）喷嘴和导电嘴。喷嘴和导电嘴都是焊枪的重要组成部分。喷嘴的作用是向焊接区输送保护气体，隔绝空气，从而保护电弧和焊接熔池。

喷嘴的形状通常有圆柱形和圆锥形两种，其中圆柱形喷嘴较为常用，因为圆柱形喷嘴中的气体层流区较长，保护效果较好。圆锥形喷嘴中的气体层流区较短，但其气流喷射力度强，电弧挺度好，适合于坡口内或狭窄处的焊接。在目前的焊接生产中，很少采用圆锥形喷嘴。喷嘴的孔径通常约20mm，在不影响操作的前提下，喷嘴略长一些会增加保护效果，因为其保护气流的层流长度是随喷嘴长度的增加而相应增加的。

在焊接过程中，难免有飞溅金属黏到喷嘴内壁，严重时会影响保护效果，甚至与导电嘴相接而使喷嘴带电，为此，第一要经常清理喷嘴上所黏附的焊接飞溅；第二是采取相应的措施使喷嘴上的飞溅金属黏附最少，并便于清理。目前较为广泛应用的方法是在喷嘴内壁涂上一薄层防飞溅油，这样便不易黏附飞溅金属。同时，黏附上的少量飞溅金属也很容易清除。一般说来，涂了防飞溅油后，连续工作2~3h清理一次喷嘴即可。

如前所述，导电嘴也是影响焊接质量的重要零件。导电嘴用于直接向焊丝传导电流，其内孔与焊丝接触而导电，其外部与喷嘴之间流过保护气体，因此要求导电嘴的孔径与焊丝直径有一个适宜的匹配关系，既要防止送丝阻力过大，影响送丝稳定性，又要避免接触不良，影响导电连续性。另外要求导电嘴的外形要光滑流畅，便于保护气体呈层流状态流过。

（二）熔化极活性气体保护焊（MAG 焊）焊接设备

MAG 焊焊接设备与二氧化碳气体保护焊焊接设备基本相同，包括焊接电源、送丝装置、供气系统、焊枪等，不同的是在供气系统中增加了一个混合气体配比器。从氩气瓶和二氧化碳气瓶经减压的气体分别进入配比器，然后由一根软管将按比例混合的气体送入焊枪，调节配比器旋钮就可以改变混合气体的比例。目前，燃气公司可以按照客户的要求供应混合气体，价格也比较合理。

（三）熔化极惰性气体保护焊（MIG 焊）焊接设备

MIG 焊焊接设备与二氧化碳气体保护焊焊接设备基本相同。焊接电源根据其外特性可以分为平特性电源及垂直下降电源两类。一般 MIG 焊使用平特性电源，只要设定好焊接电源，则在此焊接电流下的送丝速度将保持一定（等速送丝）。MIG 焊由于采用惰性气体，不需要预热器，也因为惰性气体中不含有水分，也不需要干燥器。MIG 焊焊接设备主要由焊接电源、送丝系统、供气系统、焊枪组成。

当 MIG 焊用于铝合金时，因铝焊丝硬度低、刚性差，对送丝系统要有特殊要求，一方面为了避免将焊丝“咬伤”，不能使用带齿的送丝滚轮；另一方面对于直径为 0.8mm 以下的焊丝，不能采用推丝式送丝方式。在焊接铝合金时，送丝软管不应使用弹簧管，而应使用聚四氟乙烯或尼龙管。

（四）焊接设备的维护及故障排除

1. 二氧化碳气体保护焊焊接设备的维护保养

1）要经常注意送丝软管的工作情况，以防被污垢堵塞。

2）应经常检查导电嘴的磨损情况，及时更换磨损大的导电嘴，以免影响焊丝导向及焊接电流的稳定性。

3）要及时清除喷嘴上的飞溅金属。

4）及时更换已磨损的送丝滚轮。

5）定期检查送丝装置、减速箱的润滑情况，及时添加或更换新的润滑油。

6）经常检查电气接头、气管等连接情况，及时发现问题并加以处理。

7）定期以干燥压缩空气清洁焊机。

8）定期更换干燥剂。

9）当焊机长时间不用时，应将焊丝自软管中退出，以免日久生锈。

2. 二氧化碳气体保护焊焊接设备的常见故障及排除方法

二氧化碳气体保护焊焊接设备出现故障，有时可直观地发现，有时必须通过测试的方法发现。故障的排除步骤一般为：从故障发生部位开始，逐级向前检查整个系统，或相互有影响的系统、部位，还可以从易出现问题的、经常损坏的部位着手检查。二氧化碳气体保护焊焊接设备的常见故障及排除方法见表 1-3。

表 1-3　二氧化碳气体保护焊焊接设备的常见故障及排除方法

常见故障	产生原因	排除方法
送丝不均匀	1）送丝滚轮压力调整不当 2）送丝滚轮V形槽磨损 3）减速箱故障 4）送丝电动机电源插头插得不紧 5）焊枪开关接触不良或控制线路断路 6）焊枪导电部分接触不良，导电嘴孔径不合适 7）焊丝绕制不好，时松时紧或弯曲 8）送丝软管接头处或内层弹簧管松动或堵塞	1）调整送丝滚轮压力 2）更换新滚轮 3）检修 4）检修、插紧 5）更换、检修 6）更换 7）更换一盘或重绕 8）清洗、修理
送丝电动机停止运行或电动机运转而停止送丝	1）电动机本身故障 2）电动机电源变压器损坏 3）熔断器烧断 4）送丝滚轮打滑 5）继电器的触点烧损或其线圈烧损 6）焊丝与导电嘴融合在一起 7）焊枪开关接触不良或控制线路断路 8）控制按钮损坏 9）焊丝卷曲卡在焊丝进口处 10）调速电动机故障	1）检修或更换 2）更换 3）换新 4）调整送丝滚轮压紧力 5）检修、更换 6）更换导电嘴 7）更换开关、检修控制线路 8）更换 9）焊丝退出后剪掉一段 10）修理焊机
焊接过程中发生熄弧现象和焊接参数不稳	1）焊接参数选得不合适 2）送丝滚轮磨损 3）送丝不均匀，导电嘴磨损严重 4）焊丝弯曲太大 5）工件和焊丝不清洁，接触不良	1）调整焊接参数 2）更换 3）检修 4）调直焊丝 5）清理工件和焊丝
电压失调	1）三相多线开关损坏 2）继电器触点或线包烧损 3）变压器烧损或抽头接触不良 4）线路接触不良或断线 5）移相触发电路故障 6）大功率晶体管击穿 7）自饱和磁放大器故障	1）检修或更换 2）检修或更换 3）检修 4）用万用表检查 5）检修或更换新元件 6）检查更换 7）检修

任务实施

一、工作准备

1. 试板

采用Q235B钢板，试板尺寸为12mm×300mm×100mm一块，清理试板中间油、锈及其他污物，以便调试焊接设备时用于焊接。

2. 焊丝和气体

焊丝选用H08Mn2SiA，直径为1.2mm，CO_2气体，焊前应除净焊丝上的油、锈及其他污物。

3. 工具

手套、斜口钳、扳手、钢丝刷及焊接面罩等焊接设备调试过程中所需的工具。

二、工作程序

1）安装供气系统。正确辨别CO_2气瓶，并将气瓶固定于焊接工位中的指定位置；安装减压阀、流量计、干燥器等设备，将导气软管正确接在焊机上的相应位置，将固定钢圈拧紧。

2）安装送丝装置。

①打开罩盖，抬起调压把柄。

②确认进导丝管是否适应所送焊丝。塑料进导丝管用于输送铝焊丝，钢进导丝管用于输送钢焊丝。

③确认导丝管是否适应所送焊丝。钢导丝管用于输送钢焊丝，输送铝焊丝则应去掉钢导丝管，利用焊枪中的特氟龙送丝软管。安装完成后，送丝滚轮、进导丝管、中间导丝管、导丝管应在一条直线上。

④安装焊丝盘。把焊丝盘装在焊丝盘轴上，装好焊丝盘轴挡片，拧紧把手螺钉。

⑤将焊丝顺次穿过进导丝管、中间导丝管、导丝管、焊枪插座，直到装入焊枪。安装焊丝时，请注意防止焊丝弹出伤人。

⑥将滚动轴承轮（焊丝压轮）复位，将调压把柄复位并施加适当压紧力，转动调压把柄可以调节压紧力。在焊丝不打滑的情况下，应尽量减小焊丝压紧力。

3）安装焊枪。

①根据不同规格的焊丝选择不同的送丝软管。

②截取软管。去掉喷嘴、导电嘴、枪尾螺母，在焊枪伸直状态下装入送丝软管，然后拧紧枪尾螺母，测量截取长度。对于普通钢送丝软管，截取长度为：从枪尾螺母处起，至枪径端刚好能用力装上导电嘴为止。注意不要将送丝软管截短，否则会导致送丝不稳。当送丝软管截断部位有翻边、毛刺时，应用锉刀等去除。

③选择相应规格的分流器、导电嘴座、导电嘴、喷嘴等。

④完成上述步骤并装配后，将枪安装在送丝机上。

⑤接通焊机电源，按下送丝机上的“手动送丝”键，开始手动送丝，直到焊枪头处露出15~20mm焊丝为止。必要时可拆下导电嘴以防顶丝，待焊丝穿出后，再装上导电嘴。

4）接通电源，开启焊接设备，调节焊接参数，选择焊机的收弧方式，并进行检气及气流量的调节。

5）把打磨好的焊接试板摆放于焊接支架上，开始进行焊接，并通过调节焊接参数来调试焊接设备。

6）清理焊缝，检测焊缝质量，并进行焊接参数的调整，重复焊接试板，直到焊接设备调试完成。

三、焊接设备维护

1）入口嘴、中间嘴、出口嘴是否同心，即在一条直线上。如不在一条直线上，则易导致送丝阻力加大，造成送丝不稳（图 1-10）。

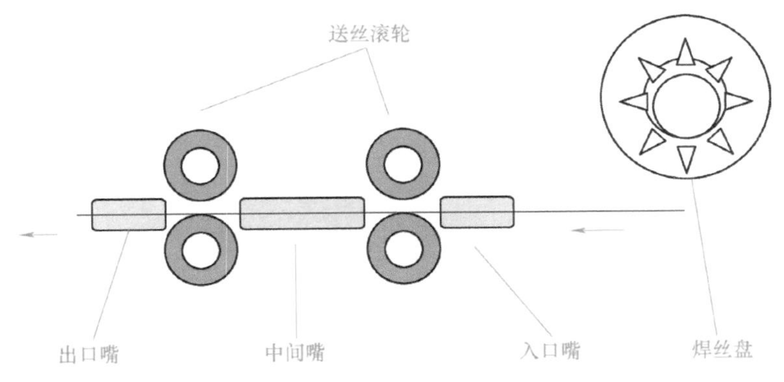

图 1-10　焊丝的安装

2）送丝滚轮是否打滑。第一次调试应擦除防锈脂并要定期清理轮槽，注意要用软质的东西去擦除。判断轮槽是否磨损严重：一般情况下让焊丝露出槽面高度应大于 1/3 焊丝直径（图 1-11），否则应换相应焊丝直径的送丝滚轮。轮槽必须按焊丝直径安装正确。

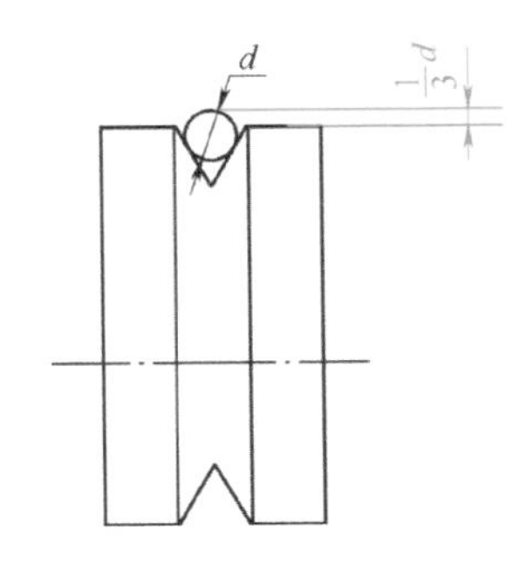

图 1-11　送丝滚轮与焊丝直径的匹配

3）送丝滚轮挡圈仅用于防止轮圈在送丝过程中脱落或窜动量太大，而不宜旋得太紧，否则内嵌螺钉容易脱落或松动。

4）导丝管由于长时间使用，在导丝管内充满灰尘和铁末，也会造成送丝阻力大，所以应经常清理。当导丝管使用时间不长，但还比较新时，清洁时可用压缩空气吹干净即可（尼龙管只能用此方法）；当导丝管使用时间较长时，要用煤油、汽油、酒精等有机溶剂泡一泡，然后再清理。更换导丝管时，要依据焊丝直径选择合适软管，并根据焊枪的实际长度截取软管长度，且一定要清除螺旋钢丝管口处的毛刺，具体方法可参见说明书。另外，低速焊时，细丝可用超一档焊丝直径的导丝管，但不允许粗丝采用细丝导丝管。例如：ϕ1.2mm 焊丝可用 ϕ1.6mm 焊丝的导丝管，但 ϕ1.6mm 焊丝不可用 ϕ1.2mm 焊丝的导丝管。高速焊时，送丝管应严格按焊丝直径进行匹配。

5）导电嘴孔径偏大时，应及时更换，否则会因间隙过大导电不良引起焊接过程不稳定或输出电流不够大。焊接过程中采用防飞溅剂可延长导电嘴寿命，同时在施焊过程中应及时清理焊枪护套内的飞溅金属。钢焊丝的导电嘴，其孔径应比焊丝直径大 0.1~0.2mm，长度约 20~30mm。对于铝焊丝，要适当增加导电嘴的孔径（比焊丝直径大 0.2~0.3mm）及长度，以减小送丝阻力和保证导电可靠。相同丝径焊铝导电嘴的孔径要比焊钢导电嘴的孔径大。

6）焊枪的选配。在满足作业半径的条件下，建议采用标准 3m 焊枪。焊枪电缆在使用时不能出现死弯儿（即不能出现小于 ϕ400mm 的盘圈或 S 形弯儿），尤其是焊枪手柄与电缆相邻处，一定要给以高度重视，要保持送丝顺畅。

7）压紧力的选择要适当。一般将调压把柄旋紧在刻度2~4即可，不要太紧，以免焊丝变形而增加送丝阻力（尤其焊铝、药芯焊时），同时也会加快轮槽的磨损。

8）送丝机支撑轴为铝合金，在使用过程中与塑料孔长期磨损，应经常清洁其表面并涂上润滑脂。

9）焊丝盘旋转方向应为顺时针方向而不能逆时针方向。

任务总结

本次任务旨在培养学生安装与调试焊接设备、正确调节焊接参数和安全操作焊接设备的能力；其中的学习难点为熔化极气体保护焊焊接设备的组成及安装方法，教学中应明确焊接设备各组成部分的功能和作用，正确安装及调试焊接设备。教学过程中建议采用项目化教学，学生以小组的形式来完成任务，培养学生自主学习、与人合作、与人交流的能力。

熔化极气体保护焊特点和应用——微课

熔化极气体保护焊焊接设备的安装与调试——微课

复习思考题

一、选择题

1. CO_2焊使用的CO_2气体的纯度，一般要求不低于（　）。

A.95%　　B.99%　　C.99.5%　　D.99.9%

2. CO_2气瓶瓶体表面漆成（　）色，并标有“液态二氧化碳”黑色字样。

A. 银灰　　B. 棕　　C. 白　　D. 铝白

3. 目前焊丝外层镀铜的主要目的是（　）。

A. 增加焊丝导电性　　B. 防止焊丝氧化

C. 增加合金含量

4. CO_2焊有许多优点，但（　）不是CO_2焊的优点。

A. 生产率高，成本低　　B. 焊缝氢含量少，抗裂性能和力学性能好

C. 焊接变形和应力小　　D. 设备简单，容易维护修理

5. CO_2焊有一些不足之处，但（　）不是CO_2焊的不足之处。

A. 飞溅较大，焊缝表面成形较差　　B. 设备比较复杂，维修工作量大

C. 焊缝抗裂性能较差　　D. 氧化性强，不能焊易氧化的有色金属

二、判断题

1. 焊机的安装、检查应由电工进行，而修理则由焊工自己进行。（　）

2. 有一定电压的电极与母材间在气体介质中产生的强烈而持久的放电现象称为焊接电弧。（　）

3. 焊机空载时，由于输出端没有电流，所以不消耗电能。（ ）

4. 直流焊接时焊条接电源正极的接法称为正接。（ ）

5. CO_2 气瓶内盛装的实际上是液态 CO_2。（ ）

6. CO_2 焊的送丝机有推丝式、拉丝式、推拉式三种形式。（ ）

7. 飞溅是 CO_2 焊的主要不足之处。（ ）

三、简答题

1. 简述焊丝的安装过程，在送丝机调试过程中主要进行哪几部分的调节？若调试不当会出现哪些现象？

2. 按照保护气体不同，熔化极气体保护焊可分为哪几类？

3. 不同种类的保护气体对焊缝质量的影响是什么？

《熔化极气体保护焊》任务完成情况考核评分表

班级: 姓名: 学号: 组别:

任务编号及名称: 任务一 熔化极气体保护焊焊接设备的安装与调试 评价时间:

序号	考核项目	考核具体内容	评分标准(组员/组长)						
			权重	优秀 90分	良好 80分	中等 70分	及格 60分	不及格 50分	考核项目成绩合计
1	社会能力（15%）	团队协作能力、人际交往和善于沟通能力	5%						
		自我学习能力和语言运用能力	5%						
		安全、环保和节约意识	5%						
2	方法能力（15%）	信息收集和信息筛选能力	5%						
		制订工作计划能力、独立决策和实施能力	5%						
		自我评价和接受他人评价的能力	5%						
3	专业能力（70%）	项目(或任务)报告的质量	10%						
		焊接安全文明生产	10%						
		安装焊接设备(送丝装置、供气系统、焊枪)	15%						
		调节焊接参数	10%						
		试焊	10%						
		分析安装和调试结果	10%						
		现场6S管理	5%						
4	本任务合计得分								

任务二　12mm 低碳钢板 V 形坡口平对接打底层焊接

任务解析

本次教学任务是学生熟练使用熔化极气体保护焊焊接设备之后第一次进行焊接操作的尝试，主要包括熔化极气体保护焊基本操作要领的学习和 12mm 低碳钢板 V 形坡口平对接打底层焊接两部分。通过平敷焊的焊接操作使学生熟悉熔化极气体保护焊基本操作方法，并能够独立进行熔化极气体保护焊焊接操作；通过打底层焊接任务的学习，学生能够正确选用焊接材料，能够正确调节焊接参数，能够进行 V 形坡口平对接打底层单面焊双面成形焊接操作，能够进行焊接质量的检测。

必备知识

一、二氧化碳气体保护焊（CO_2 焊）气体及焊丝

（一）CO_2 气体

CO_2 是无色无味气体，在不加压力下冷却时，气体将直接变成固体干冰；升高温度，固态 CO_2 又直接变成气体。CO_2 气体在加压的情况下会变成无色液体，且该液体的密度随温度的变化而变化。当温度低于 −11℃时，它比水重；当温度高于 −11℃时，它比水轻。液态 CO_2 的沸点很低，为 −78℃。CO_2 在 0℃和一个大气压下，1kg 液体可蒸发为 509L 气体。通常容积为 40L 的标准钢瓶可以灌入 25kg 液态 CO_2。

CO_2 气瓶的标准钢瓶满瓶时的压力为 5.0~7.0MPa，该压力的大小并不代表瓶中液态 CO_2 的多少。气瓶内的压力与外界的温度有关，其压力随着外界温度的升高而增大，因此，气瓶不准靠近热源或置于烈日下暴晒，以防发生意外事故。液态 CO_2 中约可溶解 0.05% 的水，多余的水则呈自由状态沉于瓶底，溶于 CO_2 液体中的水分，将随着 CO_2 的蒸发而蒸发。当气瓶压力低于 1.0MPa 时，除溶解于液体中的水分蒸发外，沉于瓶底的多余水分也要蒸发，从而将大大提高 CO_2 气体中的水含量，因此，低于 1.0MPa 的气瓶中的气体就不应再用来焊接。焊接用 CO_2 气体的纯度应当较高，一般不应低于 99.5%，有些优质接头的焊接则要求 CO_2 气体的纯度不低于 99.8%。CO_2 气体一般是将其压缩成液体贮存于钢瓶内，以供使用。CO_2 气瓶瓶体表面漆成铝白色，并标有“液态二氧化碳”的黑色字样。

在焊接现场，对于纯度偏低的 CO_2 气体，采取下列提纯措施，对减少气体中的水分是有效的。

1）将气瓶倒立静止 1~2h，以便瓶内自由状态的水分沉积到瓶口部位。然后打开阀门，放水 2~3 次，每次可间隔 30min 左右。

2）放水后将气瓶正置约 2h，再放气 2~3min，以除去顶部杂气。

3）在供气系统中设立 2~3 个干燥器，并注意经常更换干燥剂（硅胶）。

（二）焊丝

对 CO_2 焊用焊丝（以下简称为 CO_2 焊丝）的要求，可以概括地从其内在质量和外部质量两个方面来介绍。

1）内在质量。CO_2 焊丝在化学成分上应含有适量的 Si、Mn 等脱氧元素，主要是为了脱氧；同时为增强抗气孔的能力，可加入 Ti、Al 等合金元素，可以进一步增强脱氧能力，有利于提高抗气孔的能力；CO_2 焊丝中的碳含量（质量分数限制在 0.1% 以下）不能太高，可以减少气孔与飞溅。

2）外部质量。焊丝表面要清洁，应去除拉拔生产过程中附着于焊丝表面的润滑剂、油污等；焊丝表面通常是镀铜的；焊丝应规则绕成盘，以便于使用；焊丝应有一定的硬度。

常用的 CO_2 焊丝牌号及用途见表 1-4。

表 1-4　常用的 CO_2 焊丝牌号及用途

CO_2焊丝牌号	用途
H08MnSi	焊接低碳钢及上屈服强度大于300MPa的低合金钢
H08MnSiA	焊接低碳钢和某些低合金高强度钢
H08Mn2SiA	焊接低碳钢和某些低合金高强度钢
H04Mn2SiTiA	焊接低合金高强度钢
H10MnSiMo	焊接低合金高强度钢

表 1-4 中 H08Mn2SiA 是使用最普遍的一种焊丝。它具有较好的工艺性能和较高的力学性能，适用于焊接重要的低碳钢和普通低合金钢结构，能获得满意的焊缝质量。

CO_2 焊丝直径为 0.5~5mm，半自动焊常用的焊丝有 ϕ0.8mm、ϕ1.0mm、ϕ1.2mm、ϕ1.6mm 等几种，自动焊大多采用 ϕ2.0mm、ϕ2.5mm、ϕ3.0mm、ϕ4.0mm、ϕ5.0mm 的焊丝。焊丝表面有镀铜和不镀铜两种，镀铜可以防止生锈，有利于保存，并可改善焊丝的导电性及送丝的稳定性。焊丝在使用前应适当清除表面的油污和铁锈。

在生产实践中，可以根据钢材的强度等级和产品的具体要求来合理地选择相应的焊丝。最常遇到的钢是低碳钢和低合金钢，如 10、20、16Mn、15MnV 钢等。对于通常使用的低碳钢和低合金钢，可选用 H08Mn2SiA、H08MnSiA 等。如要求不高时，也可选用不带“A”的焊丝。总之，此类焊丝（带“A”的焊丝）适用于焊接低碳钢和 $R_{eH} \leqslant 490\text{MPa}$ 的低合金钢。如果钢材的强度等级要求较高，可采用含 Mo 的焊丝，如 H10MnSiMo 等；如果是在低温条件下使用，可选用 HS-50T、HS-60、HS-70C 等焊丝。

二、CO_2 焊的冶金特点

CO_2 焊是利用 CO_2 气体作为保护气体的一种电弧焊。CO_2 气体本身是一种活性气体，它的保护作用主要是使焊接区与空气隔离，防止空气中的氮气对熔池金属的有害作用，因为一旦焊缝金属被氮化和氧化，设法脱氧是很容易实现的，而要脱氮就很困难。而在 CO_2 气体保护下能很好地排除氮气。在电弧的高温作用下（5000K 以上），CO_2 气体全部分解成 CO+O，可使保护气体增加一倍。同时由于分解吸热的作用，使电弧因受到冷却的作用而产生收缩，弧柱面积缩小，所以保护效果非常好。

CO_2 焊时，合金元素的烧损、焊缝中的气孔和焊接时的飞溅是主要问题，而这些问题都与电弧气氛的氧化性有关。因为只有当电弧温度在 5000K 以上时，CO_2 气体才能完全分解，但在一般

的 CO_2 焊电弧气氛中，往往只有 40%~60% 的 CO_2 气体完全分解，所以在电弧气氛中同时存在 CO_2、CO 和 O，对熔池金属有严重的氧化作用。

（一）合金元素的氧化问题

CO_2 气体和 O 对金属的氧化作用，主要有以下几种形式。

$Fe+CO_2 = FeO+CO$

$Si+2CO_2 = SiO_2+2CO$

$Mn+CO_2 = MnO+CO$

$Fe+O = FeO$

$Si+2O = SiO_2$

$Mn+O = MnO$

这些氧化反应既发生在熔滴中，也发生于熔池中。氧化反应的程度取决于合金元素的浓度和对氧的亲和力大小。由于 Fe 的浓度最大，因此 Fe 的氧化最强烈，Si、Mn、C 的浓度虽然较低但与氧的亲和力比 Fe 大，所以大部分被氧化。

以上氧化反应的产物 SiO_2 和 MnO 结合成为熔点较低的硅酸盐熔渣，浮于熔池上面，使熔池金属受到良好的保护。反应生成的 CO 气体，从熔池中逸到气相中，不会引起焊缝气孔，只是使焊缝中的 Si、Mn 元素烧损。在 CO_2 焊中，与氧亲和力较弱的元素 Ni、Cr、Mo 的过渡系数最高，烧损最少。与氧亲和力较大的元素 Si 和 Mn，其过渡系数较低，它们当中有相当数量用于脱氧。而与氧的亲和力最大的元素 Al、Ti、Nb 的过渡系数更低，烧损比 Si、Mn 还要多。

反应生成的 FeO 将继续与 C 作用产生 CO 气体，如果此时气体不能析出熔池，则在焊缝中生成 CO 气孔。反应生成的 CO 气体在电弧高温下急剧膨胀，使熔滴爆破而引起金属飞溅，因此必须采取措施，尽量减少铁的氧化。

由上述合金元素的氧化情况可知，Si、Mn 元素的氧化结果能生成硅酸盐熔渣，因此在 CO_2 焊中的脱氧措施主要是在焊丝或药芯中加 Si、Mn 作为脱氧剂，有时加入一些 Al、Ti，但是 Al 加入太多会降低金属的抗热裂纹能力，而 Ti 极易氧化，不能单独作为脱氧剂。利用 Si、Mn 联合脱氧时，对 Si、Mn 的含量有一定的比例要求。Si 过高也会降低抗热裂纹能力，Mn 过高会使焊缝金属的冲击韧度下降，一般控制焊丝中 Si 的质量分数为 1% 左右，Mn 的质量分数为 1%~2%。

（二）气孔问题

1. CO 气孔

CO_2 焊时，由于熔池受到 CO_2 气流的冷却，使熔池金属凝固较快，若冶金反应生成 CO 气体是发生在熔池快凝固时，则很容易生成 CO 气孔，但只要焊丝选择合理，可使 CO 气孔产生的可能性很小。

2. N_2 气孔

当气体保护效果不好时，如气体流量太小，保护气不纯，喷嘴被堵塞或室外焊接时遇风，使气体保护受到破坏，大量空气侵入熔池，将引起 N_2 气孔。

3. H_2 气孔

在 CO_2 焊时，产生 H_2 气孔的概率不大，因为 CO_2 气体本身具有一定的氧化性，可以抑制氢的有害作用，所以 CO_2 焊时对铁锈和水分没有埋弧焊和氩弧焊那样敏感，但是如果工件表面的油污以及水分太多，则在电弧的高温作用下，将会分解出 H_2，当其量超过 CO_2 气体对氢的抑制作用时，将仍然会产生 H_2 气孔。

为了防止 H_2 气孔的产生，焊丝和工件表面必须去除油污、水分、铁锈，CO_2 气体要经过干燥，以减少氢的来源。

（三）飞溅问题

1. 飞溅产生的原因

由于焊丝和工件中都含有C，CO_2 焊时电弧气氛氧化性强，熔滴中发生 $FeO+C = Fe+CO\uparrow$，熔滴爆炸，产生飞溅。

CO_2 焊细丝（ϕ1.6mm以下）焊时，一般采用短路过渡焊接，在电弧短路期间，电弧空间逐渐冷却，当电弧再次引燃时，电流较大，电弧热量突然增大，较冷的气体瞬间产生体积膨胀而引起较大的冲击，由此引起较大的飞溅。

另外，当焊机的动特性不太好时，短路电流的增长速度太慢，使熔滴过渡频率降低，短路时间增长，焊丝伸出部分在电阻热的作用下，会发红软化，形成大颗粒成段断落，爆断，使电弧熄灭，造成焊接过程不稳定。短路电流增长太快时，一发生短路，熔滴立即爆炸，产生大量的飞溅。

2. 减少飞溅的措施

采用活化处理过的焊丝可以细化金属熔滴，减少飞溅，改善焊缝的成形。活化处理就是在焊丝表面涂一层薄的碱土金属或稀土金属的化合物，以提高焊丝发射电子的能力。最常用的活化剂是铯（Cs）的盐类，如 $CsCO_3$，如稍加一些 K_2CO_3、Na_2CO_3，则效果更显著。

限制焊丝中碳的质量分数为0.08%~0.11%，为此可选用超低碳焊丝，如H04Mn2SiTiA。必要时选用药芯焊丝，使熔滴表面有熔渣覆盖，可减少飞溅，使焊缝美观。

在 CO_2 气体中加入少量的Ar气，改善电弧的热特性和氧化性，可减少飞溅。采用直流反接，使焊丝端部的极点压力较小。选择最佳的焊接规范，焊接电流、焊接电压不要过大或过小。选择最佳的电感，CO_2 焊时电流的增长速度与电感有关，即

$$\mathrm{d}I/\mathrm{d}t=(U_0-IR)/L$$

式中，U_0 是电源的空载电压；I 是瞬间电流；R 是焊接回路中的电阻；L 是焊接回路中的电感。由此可知，电感越大，短路电流的增长速度 $\mathrm{d}I/\mathrm{d}t$ 越小。当焊接回路中的电感在0~0.2mH内变化时，对短路电流增长速度的影响特别显著。一般采用细丝 CO_2 焊时，由于细丝的熔化速度比较快，熔滴过渡的周期短，因此需要较大的电流增长速度，电感应该选小些。相反，粗丝的熔化速度较慢，熔滴过渡的周期长，则要求电流增长速度小些，所以应该选较大的电感。

在喷嘴上涂一层硅油或防堵剂，可以有效地防止喷嘴堵塞。使用焊接飞溅清除剂，将其喷涂在工件上，可以阻止飞溅物与母材直接接触，飞溅物用钢丝刷轻轻一刷就能清除。

三、熔化极气体保护焊熔滴过渡形式

1. 短路过渡

短路过渡主要用于直径小于 1.6mm 的细丝 CO_2 焊或混合气体保护焊，采用低电压、小电流的焊接工艺。由于电压低、电弧较短、熔滴尚未长大时即与熔池接触而形成短路液体过桥，在向熔池方向的表面张力及电磁收缩力的作用下，熔滴金属过渡到熔池中去，这样的过渡形式称为短路过渡。这种过渡形式电弧稳定、飞溅较小、熔滴过渡频率高、焊缝成形良好，广泛用于薄板结构、根部打底焊及全位置焊接。

短路过渡是燃弧、短路交替进行。短路过渡一般采用细丝，焊接电流密度大、焊接速度快，故对工件热输入低，而且电弧短、加热集中，可减小焊接热影响区宽度和工件变形。如果焊接参数不当或者焊接电源动特性不佳时，短路过渡将伴随着大量的金属飞溅。过渡过程的稳定性破坏，不但影响焊接质量，而且浪费焊接材料，恶化劳动条件。

2. 滴状过渡

滴状过渡时，电弧电压较高，由于焊接参数及材料的不同又分为粗滴过渡（大颗粒过渡）和细滴过渡（细颗粒过渡）。

（1）粗滴过渡　电流较小而电弧电压较高时，因弧长较长，熔滴与熔池不发生短路，焊丝末端便形成较大的熔滴。当熔滴长大到一定程度后，重力克服表面张力，熔滴脱落。这种过渡方式由于熔滴大，形成的时间长，影响电弧的稳定性，焊缝成形粗糙，飞溅较大，在生产中基本不采用。

（2）细滴过渡　电流比较大时，电磁收缩力较大，熔滴表面张力减小，熔滴细化，这些都促使熔滴过渡，并使熔滴过渡频率增加。这种过渡形式称为细滴过渡，因为飞溅少，电弧稳定，焊缝成形良好，在生产中被广泛应用。

3. 颗粒状过渡

粗丝 CO_2 焊（直径大于 1.6mm）焊接过程中，焊丝端部熔滴较小，一滴一滴过渡到熔池不发生短路现象，电弧连续燃烧，焊接热源主要是电弧热。它的特征是大电流、高电压、焊接速度快。颗粒状过渡主要用于粗丝 CO_2 焊，中厚板的水平位置焊接。

4. 射流过渡

射流过渡是喷射过渡中最富有代表性的且用途广泛的一种过渡形式。获得射流过渡的条件是采用纯氩气或富氩气保护，大电压，还必须使焊接电流大于临界值。射流过渡时电弧稳定，飞溅极少，焊缝成形质量好。由于电弧稳定，对保护气流的扰动作用小，故保护效果好。射流过渡时的电弧功率大，热流集中，对工件的熔透能力强。过渡的熔滴沿电弧轴线高速流向熔池，使焊缝中心部位熔深明显增大而呈指状熔深。射流过渡主要用于中厚板，带衬板或带衬垫的水平位置焊接。

气体介质对射流过渡的影响：不同的气体介质对电弧电场强度的影响不同。在 Ar 气保护下弧柱电场强度较低，电弧弧根容易扩展，易形成射流过渡，临界电流值较低。当 Ar 气中加入 CO_2 气体时，随着 CO_2 气体比例增加，临界电流值增加。若 CO_2 气体的比例超过 30% 时，则不能形成射流过渡，这是由于 CO_2 气体解离吸热对电弧的冷却作用较强，使电弧收缩，电场强度提高，电弧不易扩展。

四、焊接参数的选择及其对焊缝成形的影响

合理地选择焊接参数是保证焊接质量、提高效率的重要条件。CO_2 焊的焊接参数主要包括焊接电流、电弧电压、焊丝直径、焊接速度、焊丝伸出长度、气体流量、电源极性和焊枪倾角等。下面介绍焊接参数对焊缝成形的影响及选择原则。

1. 焊丝直径

焊丝直径应根据工件厚度、焊接位置及生产率的要求来选择。当立、横、仰焊薄板或中厚板时，多采用直径为 1.6mm 以下的焊丝；当平焊中厚板时，可以采用直径为 1.6mm 以上的焊丝。焊丝直径的选择见表 1–5。

表 1–5　焊丝直径的选择

焊丝直径/mm	工件厚度/mm	焊接位置
0.8	1~3	各种位置
1.0	1.5~6	
1.2	2~12	
1.6	6~25	
≥1.6	中厚	平焊、平角焊

2. 焊接电流

焊接电流是重要的焊接参数之一，应根据工件厚度、材质、焊丝直径、焊接位置及熔滴过渡形式来确定焊接电流的大小。在短路过渡时，焊接电流在 50～230A 选择；在颗粒状过渡时，焊接电流可在 250～500A 选择。焊丝直径与焊接电流的关系见表 1–6。

表 1–6　焊丝直径与焊接电流的关系

焊丝直径/mm	焊接电流使用范围/A	工件厚度/mm
0.6	40~100	0.6~1.6
0.8	50~150	0.8~2.3
0.9	70~200	1.0~3.2
1.0	90~250	1.2~6.0
1.2	120~350	2.0~10
1.6	≥300	≥6.0

通常随着焊接电流的增大，熔深显著地增加，而熔宽略有增加。但应注意：当焊接电流过大时，

容易引起烧穿、焊漏和产生裂纹等缺陷，而且工件的变形大，焊接过程中飞溅很大；当焊接电流过小时，容易产生未焊透、未熔合、夹渣及焊缝成形不良等缺陷。在保证焊透、成形良好的条件下，应尽可能地采用大电流，以提高生产率。

3. 电弧电压

焊接电弧电压的变化影响焊接电弧的长短，从而决定了熔宽的大小。一般随电弧电压的增大，熔宽增大，而熔深略有减小。

为了保证焊缝成形良好，电弧电压必须与焊接电流配合选取。通常在焊接电流小时，电弧电压较低；焊接电流大时，电弧电压较高。通常在短路过渡时，电弧电压为16～24V；在细滴过渡时，电弧电压为25～45V。但应注意：电弧电压必须与焊接电流配合适当，电弧电压过高或过低都会影响电弧的稳定性，使飞溅增大。

4. 焊接速度

在一定的焊丝直径、焊接电流和电弧电压的条件下，焊接速度增加，将使焊缝宽度和熔深减小。若焊接速度过快，容易产生咬边、未焊透及未熔合等缺陷，而且气体保护效果变差，可能出现气孔；若焊接速度过慢，则使焊接生产率降低，焊接接头晶粒粗大，焊接变形增大，焊缝成形差。一般CO_2半自动焊的焊接速度为15～40m/h。

5. 焊丝伸出长度

焊丝伸出长度是指导电嘴端部到工件的距离，而保持焊丝伸出长度不变是保证焊接过程稳定的基本条件之一。它主要取决于焊丝直径，一般为焊丝直径的10～12倍。当焊丝伸出长度过大时，容易发生过热而成段熔断，使气体保护效果变差，飞溅严重，焊接过程不稳定；当焊丝伸出长度过小时，则会缩短喷嘴与工件的距离，飞溅金属容易堵塞喷嘴，影响气体保护效果，而且阻挡焊工视线。对于不同直径、不同材料的焊丝，允许的焊丝伸出长度不同。焊接时可参考表1–7进行选择。

表1–7　焊丝伸出长度的允许值　（单位：mm）

焊丝直径	H08Mn2SiA	H06Cr19Ni10
0.8	6~12	5~9
1.0	7~13	6~11
1.2	8~15	7~12

6. 气体流量

CO_2气体流量应根据对焊接区的保护效果来选取。焊接电流、电弧电压、焊接速度、接头形式及作业条件对流量都有影响。流量过大或过小都会影响气体保护效果，容易产生焊接缺陷。通常焊接电流在200A以下时，气体流量约为10～15L/min；焊接电流大于200A时，气体流量约为15～25L/min。

7. 电源极性

CO_2 焊一般采用直流反接。直流反接具有电弧稳定性好、飞溅小及熔深大等特点。在粗丝大电流焊接时，也可采用直流正接。此时，焊接过程稳定，焊丝熔化速度快、熔深小、堆高大，主要用于堆焊及铸铁补焊。

8. 焊枪倾角

焊枪倾角也是不可忽视的因素。当焊枪倾角小于 10° 时，不论是前倾还是后倾，对焊接过程及焊缝成形都没有明显的影响；但倾角过大（如前倾角大于 25° ）时，将增加熔宽并减小熔深，还会增加飞溅。

9. 回路电感

焊接回路电感应根据焊丝直径和电弧电压来选择，不同直径焊丝的合适电感也不同。通常电感随焊丝直径增大而增加，并可通过试焊的方法来判断。若焊接过程稳定，飞溅很少，则说明电感是合适的。

10. 喷嘴与工件间的距离

喷嘴与工件间的距离是根据焊接电流来选择的。焊接电流越大，它们之间的距离也增大。一般当焊接电流小于 200A 时，喷嘴与工件间的距离为 10～15mm。

五、熔化极气体保护焊基本操作技术

焊接质量是由焊接设备的调整（焊接参数的调整）以及焊工的操作技术水平决定的，而且在很大程度上取决于焊工的操作技术水平。

（一）操作时注意事项

1. 正确的持枪姿势

焊工只有掌握了正确的持枪姿势才能长时间、稳定地进行焊接生产，并能够切实保证生产质量。正确的持枪姿势如图 1-12 所示，并应满足以下条件。

a)

b)

c)

d)

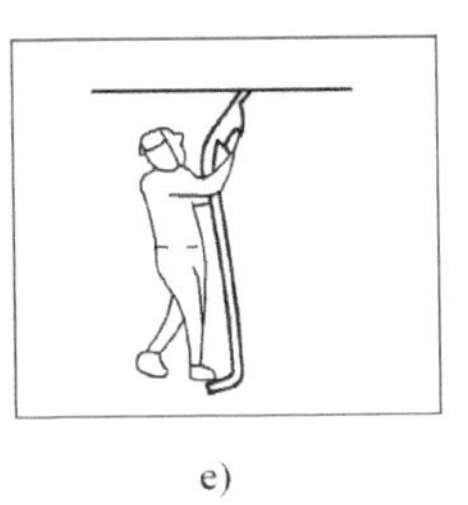
e)

图 1-12　正确的持枪姿势

a）蹲位平焊　b）坐位平焊　c）立位平焊　d）站位立焊　e）站位仰焊

1）操作时用身体的某个部位承担焊枪的质量，通常手臂都处于自然状态，手腕能灵活带动焊枪平移或转动，以不感到累为宜。

2）在焊接过程中，软管电缆最小的曲率半径应大于 300mm，以便在焊接时可随意拖动焊枪。

3）在焊接时，应能维持焊枪倾角不变，并能清楚、方便地观察熔池。

4）将焊机放在合适的地方，以保证焊枪能在需要焊接的范围内自由移动。

2. 保持焊枪与工件合适的相对位置

在 CO_2 焊焊接过程中，必须使焊枪与工件间保持合适的相对位置。主要是正确控制焊枪与工件间的倾角和喷嘴高度。当焊枪与工件间位置合适时，焊工既能方便地观察熔池，控制焊缝形式，又能可靠地保护熔池，防止出现缺陷。合适的相对位置因焊缝的空间位置和接头的形式不同而异，这在实际操作时将再做介绍。

3. 保持焊枪匀速向前移动

在焊接过程中，焊工可根据焊接电流的大小、熔池的形状、工件的熔合情况、装配间隙和钝边大小等情况，调整焊枪向前移动的速度，但在整个焊接过程中需保持焊枪匀速向前移动。

4. 焊枪的横向摆幅一致

为了控制焊缝的熔宽和焊接质量，在焊接时必须使焊枪在一定范围内做摆幅一致的摆动。焊枪的摆动形式及用途见表 1-8。为了减小焊接热影响区，减小焊接变形，一般不采用大的横向摆动来获得宽焊缝，而提倡用多层多道焊来焊接厚板。

表 1-8　焊枪的摆动形式及用途

摆动形式	用　　途	摆动形式	用　　途
直线往复式	薄板及中厚板打底焊	划圈式	平角焊或多层焊时的第一层
锯齿式	坡口小时及中厚板打底焊	月牙式	坡口大时

（二）基本操作

CO_2 焊的基本操作与焊条电弧焊一样，都是由引弧、摆动、接头和收弧等过程组成的。焊接过程由于没有焊条的送进运动，只需维持弧长不变，并根据熔池情况摆动和移动焊枪就行了，因此，CO_2 焊的操作比较容易掌握。

1. 引弧

CO_2 焊与焊条电弧焊引弧的方法稍有不同，不采用划擦法，主要是碰撞引弧，但引弧时不必抬起焊枪，具体步骤如下。

1）引弧前先按遥控盒上的点动开关或按焊枪上的控制开关，点动送出一段焊丝，焊丝长度小于喷嘴与工件间应保持的距离，超长部分或焊丝端部出现球状应剪去，如图 1-13 所示。

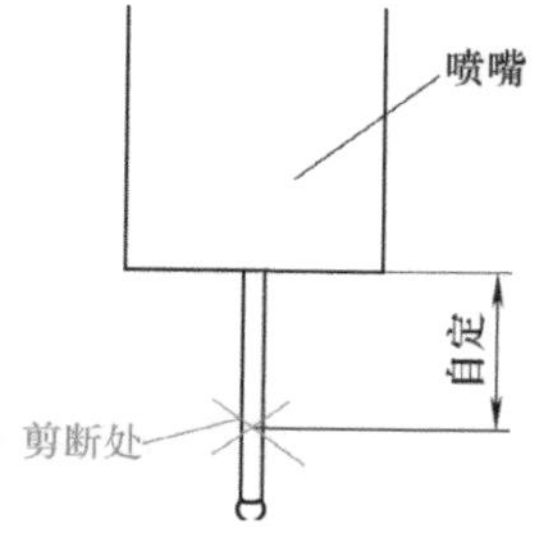

图 1-13　引弧前剪去超长的焊丝

2）将焊枪按要求（保持合适的倾角和喷嘴高度）放在引弧处，注意此时焊丝端部与工件未接触，喷嘴高度由焊接电流决定，如图 1-14 所示。

3）按焊枪上的控制开关，焊机自动提前送气，延时接通焊接电源，并保持高电压、慢送丝，当焊丝碰撞工件短路后，自动引燃电弧；当短路时，焊枪有自动顶起的倾向，故引弧时要稍用力向下压焊枪，防止因焊枪抬起太高而导致电弧熄灭，如图 1-15 所示。

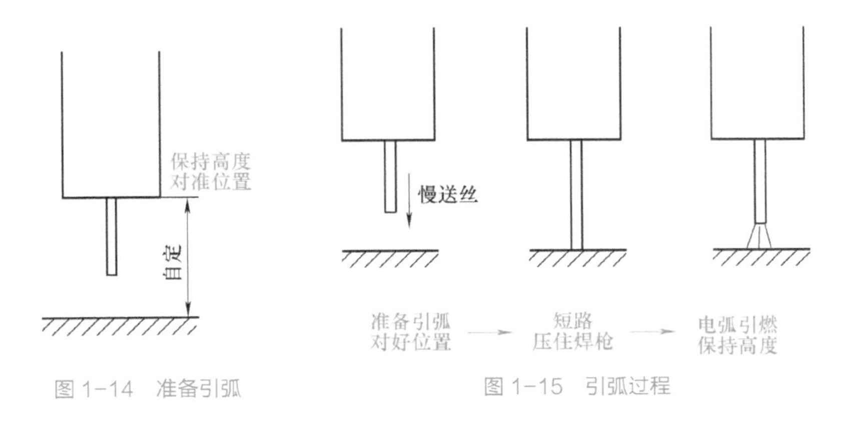

图 1-14　准备引弧

图 1-15　引弧过程

2. 焊接

引燃电弧后，通常都采用左焊法。在焊接过程中，焊工的主要任务是保持焊枪合适的倾角和喷嘴高度，沿焊接方向尽可能地均匀移动。当坡口较宽时，为保证两侧熔合好，焊枪还要做横向摆动。

焊工必须能够根据焊接过程的情况，判断焊接参数是否合适。像焊条电弧焊一样，焊工主要依靠在焊接过程中观察熔池情况、电弧的稳定性、飞溅的大小及焊缝成形的好坏来调节焊接参数。

当焊丝直径不变时，实际使用的焊接参数只有两组。其中一组焊接参数用来焊薄板或打底焊，另一组焊接参数用来焊中厚板的填充层和盖面层。

（1）焊薄板或打底焊的焊接参数　这组焊接参数的特点是焊接电流小，电弧电压较低，熔滴过渡为短路过渡。当采用多元控制的焊机进行焊接时，电弧电压与焊接电流相匹配是关键。对于直径为 0.8mm、1.0mm、1.2mm、1.3mm 的焊丝，短路过渡时的电弧电压为 20V 左右。当采用一元控制的焊机进行焊接时，如果选用小电流，控制系统会自动选择合适的低电压，焊工只需根据焊缝成形情况稍加修正，就能保证短路过渡。

（2）焊中厚板的填充层和盖面层的焊接参数　这组焊接参数的焊接电流和电弧电压都较大，但焊接电流小于引起喷射过渡的临界电流。这时熔滴过渡主要以细滴过渡为主。它具有飞溅小，电弧较平稳的特点。

3. 收弧

焊接结束前必须收弧。若收弧不当，容易产生弧坑，并出现弧坑裂纹（火口裂纹）和气孔等缺陷。操作时可以采取以下措施。

1）当 CO_2 焊机有弧坑控制电路时，焊枪在收弧处停止前进，同时接通此电路，焊接电流与电弧电压自动变小，待熔池填满时断电。

2）焊机没有弧坑控制电路时，或因焊接电流小没有使用弧坑控制电路时，在收弧处焊枪停止前进，并在熔池未凝固时反复断弧、引弧几次，直至弧坑填满为止。操作时动作要快，若熔池已凝固才收弧，则可能产生未熔合及气孔等缺陷。

不论采用哪种方法收弧，操作中均需特别注意：收弧时焊枪除停止前进外，不能抬高喷嘴，即使弧坑已填满，电弧已熄灭，也要让焊枪在弧坑处停留几秒钟后才能移开。因为灭弧后，控制线路仍保证延迟送气一段时间，以保证熔池凝固时能得到可靠的保护。若收弧时抬高焊枪，则容易因保护不良而产生焊接缺陷。

4. 接头

CO_2 焊不可避免地要有接头，为保证接头质量，应按下述步骤操作。

1）将待接接头处用角向磨光机打磨成斜面，如图 1-16 所示。

2）在斜面顶部引弧，引弧后将电弧移至斜面底部，转一圈返回引弧处后再继续向前焊接，如图 1-17 所示。应当指出，在引弧后向斜面底部移动时，要注意观察熔孔。若未形成熔孔，则接头处背面焊不透；若熔孔太小，则接头处背面产生缩颈；若熔孔太大，则背面焊缝太宽或出现烧穿。

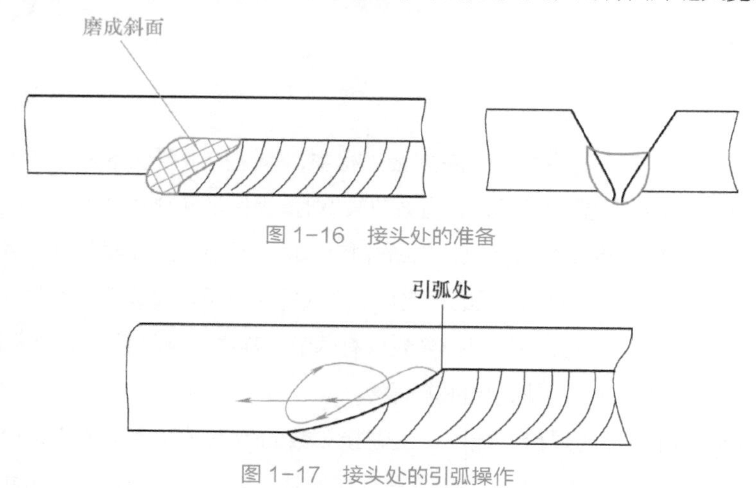

图 1-16　接头处的准备

图 1-17　接头处的引弧操作

5. 定位焊

由于 CO_2 焊时电弧的热量较焊条电弧焊大，要求定位焊缝有足够的强度。通常定位焊缝都不磨去，仍保留在焊缝中，在焊接过程中很难全部重熔，因此应保证定位焊缝的质量。定位焊缝既要熔合好，余高又要合适，还不能有缺陷，要求焊工按正式焊缝的要求进行焊接。中厚板对接定位焊缝的长度和间距如图 1-18 所示。工件两端应装引弧板、收弧板。

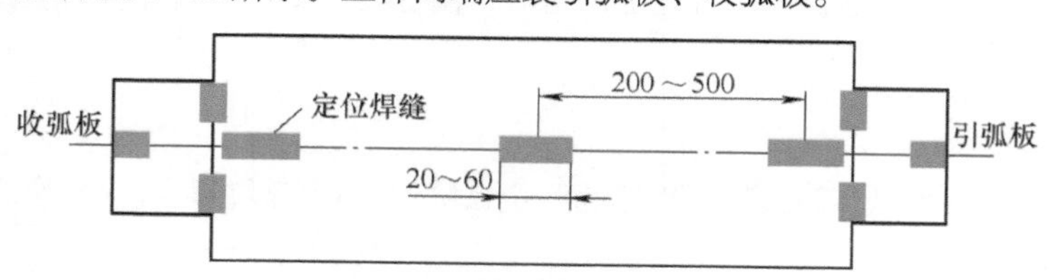

图 1-18　中厚板对接定位焊缝的长度和间距

六、熔化极气体保护焊焊前准备要求

熔化极气体保护焊在焊接前必须做好准备工作，包括工件坡口加工、待焊部位表面的清理、工件的装配以及焊丝表面的清理、焊剂的烘干等，否则会影响焊接质量。

CO_2 焊对坡口形式和组装的要求较为严格。坡口角度主要影响电弧是否能深入到焊缝根部，使根部焊透，进而获得较好的焊缝成形和焊接质量。在保证电弧能够深入到焊缝根部的前提下，应尽量减小坡口角度。钝边的大小可以直接影响根部的熔透深度，钝边越大，越不容易焊透。钝边小或无钝边时容易焊透，但装配间隙大时，容易烧穿。单面焊双面成形封底焊缝的熔滴过渡形式为短路过渡，通常可以选用较小的钝边，甚至可以不留钝边。坡口角度依据 GB/T 985.1-2008《气焊、焊条电弧焊、气体保护焊和高能束焊的推荐坡口》的要求采用 V 形坡口，坡口角度为 60° ±5°，这样有利于提高坡口精度及焊接质量。焊接过程中应注意天气的影响，特别是防风措施一定要做到位。

1. 坡口的加工

坡口可使用刨边机、车床、气割机、等离子切割机及炭弧气刨等方法进行加工，加工后的坡口尺寸及表面粗糙度等，必须符合设计图样或工艺文件的规定。

2. 待焊部位表面的清理

在焊前应将坡口及两侧 20mm 范围内表面的铁锈、氧化皮、水分和油污等清理干净。待焊部位表面的铁锈和氧化皮可用砂布、风动砂轮、风动钢丝刷或通过喷丸处理等清除；水分和油污可采用氧乙炔火焰烘烤去除。

3. 工件的装配

工件接头的装配要求：间隙均匀、高低平整、错边量小，定位焊缝应平整，不允许有气孔、夹渣等缺陷。

4. 焊接材料的清理

焊丝表面应进行清理，在除锈的同时，还可矫直焊丝并装盘。

七、V 形坡口平对接打底层单面焊双面成形技术

单面焊双面成形操作技术是以特殊的操作方法在坡口的正面进行焊接，焊后保证坡口正反两面都能得到成形焊缝的一种操作方法。它是一项在压力管道和锅炉压力容器焊接中，焊工必须掌握的操作技术。在单面焊双面成形操作过程中，不需要采取任何辅助措施，只是在坡口根部进行组装定位焊时，应按照焊接时采用的不同操作手法留出不同的间隙，当在坡口正面焊接时，会在坡口的正、反两面都能得到均匀的、整齐的、成形良好的、符合质量要求的焊缝。

在打底层焊接过程中，要认真观察熔池的形状及熔孔的大小，熔池一般保持椭圆形为宜（圆形时温度已高）。熔孔的大小以电弧将两侧钝边完全熔化并深入每侧 0.5~1mm 为好。熔孔过大时，背面焊缝余高过高，易形成焊瘤或烧穿。熔孔过小时，容易出现未焊透或冷接现象（弯曲时易裂开）。焊接时一定要保持熔池清晰。当焊接过程中出现偏弧及飞溅过大时，应立即停焊，查明原因，采取对策。

焊接时要注意听电弧击穿坡口钝边时发出的“噗噗”声，没有这种声音，表明坡口钝边未被电弧击穿，如继续向前焊接，则会造成未焊透、熔合不良等缺陷，所以在焊接过程中，应仔细听清楚有没有电弧击穿工件坡口钝边发出的“噗噗”声。焊接过程中要保持电弧的 1/3 部分在熔池前方，用以加热和击穿坡口钝边，只有送给铁液的位置准确，才能使焊缝正反面成形均匀、整齐、美观。焊接时电弧要短。电弧过长时，一是对熔池保护不好，易产生气孔；二是电弧穿透力不强，易产生未焊透等缺陷；三是铁液不易控制，不易成形而且飞溅较大。焊接过程中要严格控制熔池的温度、熔孔的大小、焊接速度的快慢以及熔敷金属添加量等因素，以保证打底层的焊接质量。

任务实施

一、工作准备

1. 工件

Q235B 钢板，规格尺寸为 300mm × 125mm × 12mm，单侧坡口角度为 30° ± 5°。焊前将工件表面的油污、水分和铁锈等清理干净。

2. 焊接设备和工具

NB−400 型半自动 CO_2 焊机、送丝装置、CO_2 气瓶和钢丝刷等。

3. 焊接材料（表 1-9）

表 1−9　打底层焊接材料

名称	牌号	规格尺寸/mm	要求
焊丝	H08Mn2SiA	ϕ1.2	表面干净,无折丝现象
CO_2气体	—	—	纯度99.5%(体积分数)

二、工作程序

（一）平敷焊焊接操作

1）调整工件位置，摆正操作姿势。根据工作台的高度，身体呈站立或下蹲姿势，上半身稍向前倾，右手握焊枪，并用手控制枪柄上的开关，左手持面罩。焊接方向有左焊法和右焊法两种。

2）开始引弧。采用直接短路引弧。引弧前焊丝端头与工件保持 2~3mm 的距离。如果焊丝端头呈球状，应将其剪断再进行引弧。在电弧稳定燃烧形成熔池后，开始正常焊接。

3）焊接过程中注意调节焊接参数。注意电弧电压与焊接电流的匹配，按表 1−10 调节焊接参数。焊接时焊枪的各种摆动方式主要有锯齿形摆动、月牙形摆动、正三角形摆动和斜圆圈形摆动，如图 1−19 所示。

表 1−10　焊接参数

焊接电流/A	电弧电压/V	焊丝直径/mm	气体流量/(L/min)
100~120	18~22	ϕ1.2	10~12

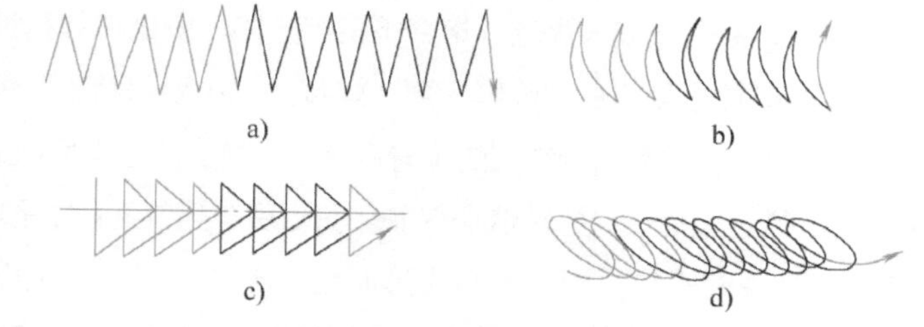

图 1−19　CO_2 半自动焊焊枪的各种摆动方式

a）锯齿形摆动　b）月牙形摆动　c）正三角形摆动　d）斜圆圈形摆动

4）焊接之后进行焊接质量检测。焊缝外观成形应整齐，飞溅少，余高合适，无明显咬边、焊瘤和裂纹等缺陷。

（二）打底层焊接操作

1. 组对与定位焊

焊前在坡口两侧（正、反面）20mm 范围内除锈、去污，用角磨机打磨至露出金属光泽。按表 1-11 所提供的数据进行组对。开启焊接电源，检查气体流量和焊丝伸出长度，调节焊接参数。采用正式焊接用焊丝进行定位焊，定位焊缝长度为 10~15mm，定位焊缝内侧用角磨机打磨成斜坡状，并将坡口内的飞溅清除。

装配间隙及定位如图 1-20 所示。由于 V 形坡口的不对称性，为此采用反变形法来预防焊后角变形，即焊前将组好的工件向焊后角变形的反向折弯一定的反变形角。工件的反变形如图 1-21 所示。

表 1-11　组对数据要求

坡口角度	预留间隙/mm		钝边/mm	反变形角	错边量/mm
	始焊端	终焊端			
60°±5°	2.5	3.0	0.5~1	3°	≤0.5

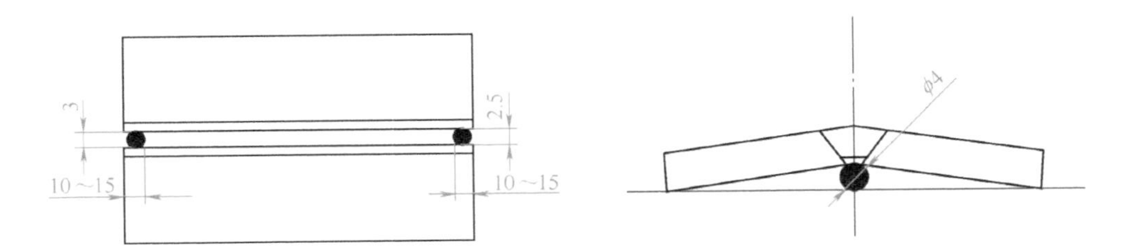

图 1-20　装配间隙及定位

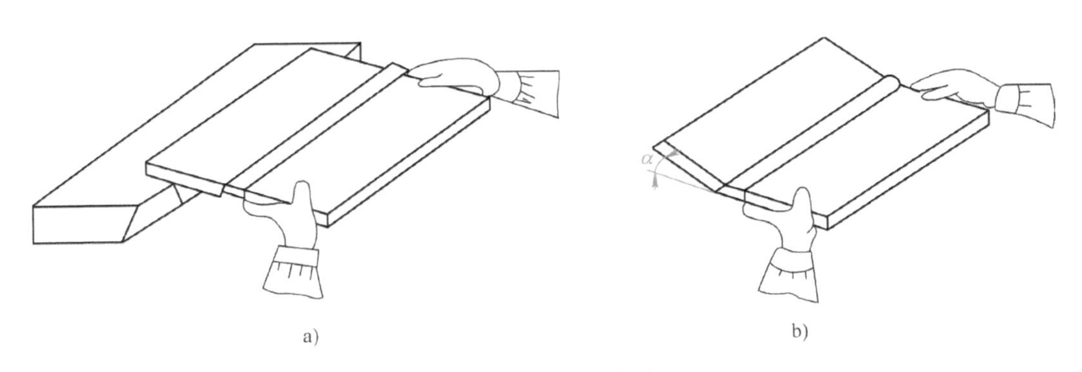

图 1-21　工件的反变形

a）反变形获得方法　b）反变形角示意图

2. 调节焊接参数

焊接参数调节见表 1-12。

表 1-12 焊接参数调节

焊接层数	焊丝直径/mm	焊丝伸出长度/mm	焊接电流/A	电弧电压/V	气体流量/(L/min)
1	ϕ1.2	20~25	90~110	18~20	15

3. 打底层焊接

将工件定位好后摆放在高度合适的位置，水平放置，注意工件的焊接位置要在整个焊接过程中都能清楚地看到，采用左焊法进行焊接，焊前先检查装配间隙及反变形是否合适，从间隙较小的一侧开始焊接。

将工件间隙小的一端放于右侧。在离工件右端定位焊焊缝约 20mm 坡口的一侧引弧，然后开始向左焊接打底焊道，焊枪沿坡口两侧做小幅度横向摆动，并控制电弧在离底边约 2~3mm 处燃烧，当坡口底部熔孔直径达 3~4mm 时，转入正常焊接。正常焊接时焊枪与工件的夹角如图 1-22 所示。打底层焊接时应注意事项如下。

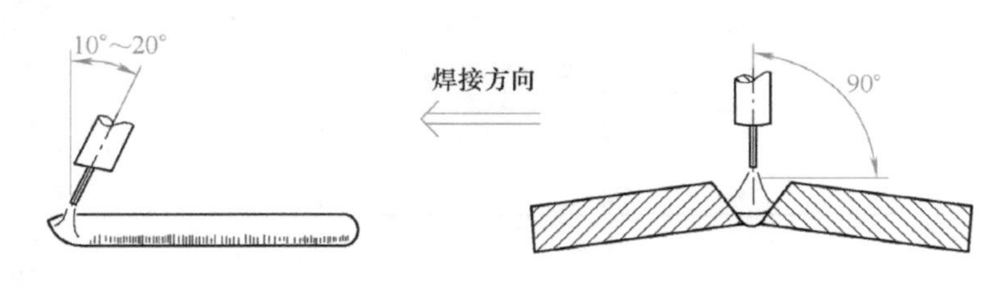

图 1-22 打底层焊接焊枪与工件的夹角

1）电弧始终在坡口内做小幅度横向摆动，并在坡口两侧稍微停留，使熔孔直径比间隙大 0.5~1mm，焊接时应根据间隙和熔孔直径的变化调整横向摆动幅度和焊接速度，尽可能维持熔孔直径不变，以获得宽窄和高低均匀的反面焊缝。

2）依靠电弧在坡口两侧的停留时间，保证坡口两侧熔合良好，使打底焊道两侧与坡口结合处稍有下凹，焊道表面平整，如图 1-23 所示。

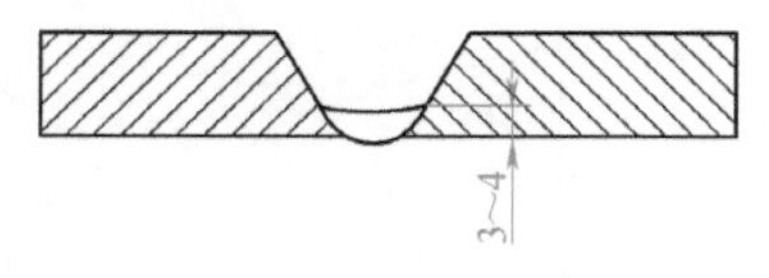

图 1-23 打底焊道

3）在打底层焊接时，要严格控制喷嘴的高度，电弧必须在离坡口底部 2~3mm 处燃烧，保证打底层焊接厚度不超过 4mm。

4）收弧与接头。当焊丝用完，或者由于送丝机构、焊枪出现故障，需要中断施焊时，焊枪不能马上离开熔池，应先稍作停留，如可能应将电弧移向坡口侧再收弧，以防产生缩孔，然后用砂轮机把弧坑焊道打磨成斜坡形。在接头时，焊丝的顶端应对准斜坡的最高点，然后引弧，以锯齿形摆动焊丝，将焊道斜坡覆盖。当电弧到达斜坡最低处时即可转入正常施焊。CO_2 焊的接头方法与焊条电弧焊有所不同，当电弧燃烧到原熔孔处时，不需要压低电弧，形成新的熔孔，而只要有足够的熔深就可把接头接好。当接头的方法正确、熟练时，接头平滑、美观，与焊缝成为一体，很难分辨。

4. 焊后清理及检测

将焊缝的飞溅清除干净，用钢丝刷刷净。按照考核评分表的要求进行焊缝表面质量检测。

三、操作注意问题

1）CO_2 焊时引弧和收弧无须移动焊枪，操作时应防止焊条电弧焊时的习惯动作。

2）CO_2 焊收弧时要注意在电弧熄灭后不可立即移开焊枪，以保证滞后停气对熔池的保护。

3）CO_2 焊时电流密度大，弧光辐射严重，必须严格穿戴好防护用品。

4）板件平对接 V 形坡口 CO_2 焊焊接参数的选择是保证质量的前提，焊接参数选择应合理。

5）焊接过程中应尽量减少接头，甚至无接头为最佳。

6）焊接时要经常检查焊枪导电嘴和喷嘴是否有堵塞现象，并及时做出处理。

7）收弧时一定要填满弧坑，并且弧长要短，以免产生弧坑裂纹。

任务总结

本次任务是学生在安装与调试焊接设备后第一次进行熔化极气体保护焊焊接操作，旨在培养学生熔化极气体保护焊基本操作能力以及使用熔化极气体保护焊进行平焊位置的单面焊双面成形操作技术；其中的学习难点为熔化极气体保护焊焊接参数的调节及平焊打底层单面焊双面成形技术操作要点，教学中应明确焊接参数选择的方法以及平焊打底层焊接操作要点。教学过程中建议采用项目化教学，学生以小组的形式来完成任务，培养学生自主学习、与人合作、与人交流的能力。

12mm 低碳钢板 V 形坡口对接焊焊前准备——微课

12mm 低碳钢板 V 形坡口平对接打底层焊接——微课

复习思考题

一、选择题

1. 粗丝 CO_2 焊中，熔滴过渡往往是以（　）的形式出现。

A. 喷射过渡　　B. 射流过渡　　C. 短路过渡　　D. 粗滴过渡

2.（　）是一种 CO_2 焊可能产生的气孔。

A. O_2 气孔　　B. NO 气孔　　C. CO_2 气孔　　D.CO 气孔

3.（　）不是 CO_2 焊 N_2 孔的产生原因。

A. 喷嘴被飞溅堵塞　　B. 喷嘴与工件距离过大

C. CO_2 气体流量过小　　D. 焊丝表面有油污未清除

4.(　)不是 CO_2 焊时选择焊丝直径的根据。

A. 工件厚度　　B. 焊接位置　　C. 生产率的要求　　D. 坡口形式

5.(　)不是 CO_2 焊时选择焊接电流的根据。

A. 工件厚度　　B. 焊丝直径　　C. 焊接位置　　D. 电源种类与极性

6.(　)不是 CO_2 焊时选择电弧电压的根据。

A. 焊丝直径　　B. 焊接电流　　C. 熔滴过渡形式　　D. 坡口形式

7.(　)不是选择 CO_2 焊气体流量的根据。

A. 焊接电流　　B. 电弧电压　　C. 焊接速度　　D. 坡口形式

二、判断题

1. 焊接时产生的弧光是由紫外线和红外线组成的。(　)
2. 弧光中的紫外线可造成对人眼睛的伤害，引起白内障。(　)
3. 焊工最常用的工作服是深色工作服，因为深色易吸收弧光。(　)
4. 为了工作方便，工作服的上衣应紧系在工作裤里边。(　)
5. 焊工工作服一般用合成纤维织物制成。(　)
6. 在易燃易爆场合焊接时，鞋底应有鞋钉，以防滑倒。(　)
7. 焊接场地应符合安全要求，否则会造成火灾、爆炸、触电事故。(　)

三、名词解释

1. 飞溅
2. 焊接热影响区
3. 焊接接头

《熔化极气体保护焊》任务完成情况考核评分表

班级:　　姓名:　　学号:　　组别:

任务编号及名称: 任务二　12mm低碳钢板V形坡口平对接打底层焊接　　评价时间:

序号	考核项目	考核具体内容	评分标准(组员/组长)						
			权重	优秀90分	良好80分	中等70分	及格60分	不及格50分	考核项目成绩合计
1	社会能力(15%)	团队协作能力、人际交往和善于沟通能力	5%						
		自我学习能力和语言运用能力	5%						
		安全、环保和节约意识	5%						
2	方法能力(15%)	信息收集和信息筛选能力	5%						

（续）

序号	考核项目	考核具体内容	评分标准(组员/组长)						
			权重	优秀 90分	良好 80分	中等 70分	及格 60分	不及格 50分	考核项目成绩合计
2	方法能力（15%）	制订工作计划能力、独立决策和实施能力	5%						
		自我评价和接受他人评价的能力	5%						
3	专业能力（70%）	项目(或任务)报告的质量	10%						
		焊接坡口准备、装配、定位焊	10%						
		焊缝背面余高、余高差	10%						
		焊缝背面直线度	10%						
		焊缝背面宽度,焊缝宽度差	10%						
		焊缝表面无咬边、焊瘤、气孔和夹渣等	10%						
		现场6S管理	10%						
4	本任务合计得分								

任务三　12mm 低碳钢板 V 形坡口平对接填充层焊接

任务解析

本次教学任务是学生在完成 12mm 低碳钢板 V 形坡口平对接打底层焊接后进行的焊接操作，学生通过前面平敷焊和 V 形坡口打底层焊接已经具备了一定的操作技能，焊接填充层时会更加容易上手。本次任务主要介绍 12mm 低碳钢板 V 形坡口平对接填充层焊接操作要点。通过填充层焊接任务的学习，学生能够正确选用合适的焊接参数；能够进行 V 形坡口平对接填充层的焊接；能够进行焊接质量的检测。

必备知识

熔敷两个以上焊层完成整条焊缝所进行的焊接称为多层焊。多层焊包括多层单道焊和多层多道焊。一层焊缝可以由若干道焊道组成，如果坡口角度小，熔敷一道就可以是一层；坡口角度较大时，熔敷两道及以上焊道才能组成一层焊缝，就是多道焊。

多层多道焊对改善焊接性能有着特殊作用。由于焊接热输入小，可以改善焊接接头的性能；

而且由于后焊焊道对前一焊道及其热影响区进行再加热，使加热区组织和性能发生相变重结晶，形成细小的等轴晶，使塑性和韧性得到改善。多层多道焊可以提高焊缝金属的质量，特别是塑性，这是因为后层（道）焊缝对前层（道）焊缝具有热处理的作用，相当于对前层（道）焊缝进行了一次正火处理，因而改善了二次组织。对于最后一道焊缝，可在其焊缝上再施焊一条退火焊道。有的工厂，当焊接接头的弯曲试样试验不合格时，采取改变原来的焊接参数的措施，将单层焊缝改成多层焊缝，用小电流进行快速施焊，对提高弯曲试样的试验合格率（塑性指标）有一定效果。应当指出，多层多道焊对提高焊条电弧焊的质量效果较好。与单层焊相比，多层焊的优点是可以焊接大厚壁结构，较之相同情形下采用单层焊，还可以减小热输入量，减小变形，降低产生缺陷的概率。

任务实施

一、工作准备

1. 工件

已经完成打底层焊接的钢板共两组。

2. 焊接设备和工具

NB-400 型半自动 CO_2 焊机、送丝装置、CO_2 气瓶和钢丝刷等。

3. 焊接材料（表 1-13）

表 1-13　填充层焊接材料

名称	牌号	规格尺寸/mm	要求
焊丝	H08Mn2SiA	ϕ1.2	表面干净,无折丝现象
CO_2气体	—	—	纯度99.5%(体积分数)

二、工作程序

1）对打底层焊缝仔细清渣，应特别注意死角处的焊渣清理。将工件定位好后摆放在高度合适的位置，水平放置，注意工件的焊接位置要在整个焊接过程中都能清楚地看到，采用左焊法进行焊接。将打底层焊缝表面的飞溅清除干净，若焊缝表面有凹凸不平，可用角磨机进行打磨至平整。

2）开启焊接电源，检查气体流量和焊丝伸出长度，按表 1-14 调节焊接参数。

表 1-14　填充层焊接参数调节

焊接层数	焊丝直径/mm	焊丝伸出长度/mm	焊接电流/A	电弧电压/V	气体流量/(L/min)
1	ϕ1.2	20~25	100~120	18~20	15
2	ϕ1.2	20~25	120~140	18~22	15

3）填充层焊接。调节好焊接参数后，在工件的右端开始填充层焊接，在距离焊缝始端 10mm 左右处引弧后，将电弧拉回到始端施焊。每次都应按此法操作，以防止产生缺陷。采用横向锯齿

形或月牙形摆动方式，如图 1-24 所示。焊枪与工件的右倾角为 70°～80°。焊枪摆动到两侧坡口处要稍作停顿，防止焊缝两边产生死角。焊枪横向摆动的幅度较打底层稍大，应注意熔池两侧的熔合情况，保证焊道表面平整并稍下凹。焊填充层时要特别注意，除保证焊道表面的平整并稍下凹外，还要控制焊道厚度，如图 1-25 所示。

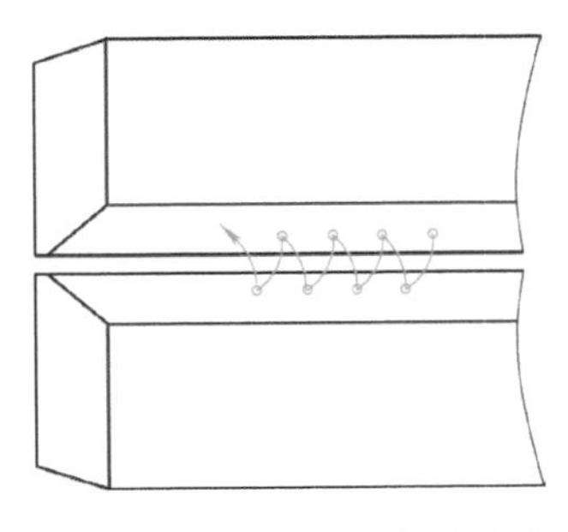
图 1-24　填充层焊枪摆动方式

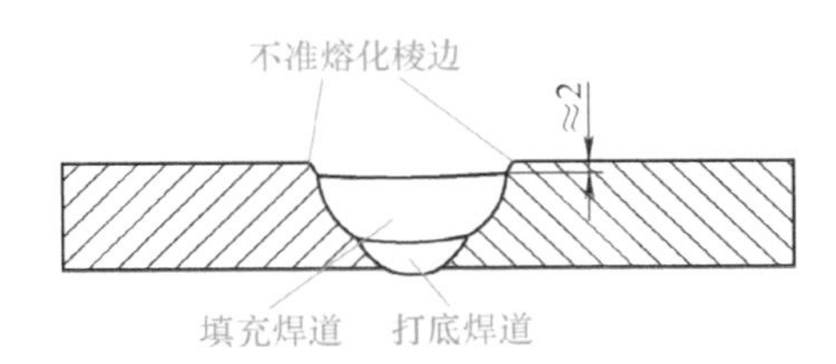

图 1-25　填充层焊道厚度

4）填充层共两层，焊接操作方法相同，最后一层填充层的厚度，应比母材表面低 1～2mm，而且应呈凹形，不得熔化坡口棱边，以利于盖面层保持平直。

5）焊后清理及检测。将焊缝的飞溅清除干净，用钢丝刷刷净。按照考核评分表的要求进行焊缝表面质量检测。

任务总结

本次任务是学生在掌握熔化极气体保护焊焊接基本操作并完成平焊位置打底层单面焊双面成形之后开展的，旨在培养学生熔化极气体保护焊平焊位置填充层的焊接操作能力；其中的学习难点为熔化极气体保护焊焊接参数的调节以及填充层焊接操作要点，教学中应明确焊接参数选择的方法以及填充层焊接质量控制要点。教学过程中建议采用项目化教学，学生以小组的形式完成任务，培养学生自主学习、与人合作、与人交流的能力。

12mm 低碳钢板Ⅴ形坡口平对接填充层焊接——微课

复习思考题

一、选择题

1. Q235 钢 CO_2 焊时，焊丝应选用（　）。

A. H10Mn2MoA　　B. H08MnMoA

C. H08CrMoVA　　D. H08Mn2SiA

2. CO_2 气瓶使用 CO_2 气体电热预热器时，其电压应采用（　）V。

A. 110　　B. 90　　C. 60　　D. 36

3. CO_2 焊过程中，增加焊接电流主要是影响（　）。

A. 熔宽　　B. 熔深　　C. 余高

4. CO_2 焊过程中，焊接电源 ZP7-400 主要配备的送丝装置是（　）。

A. 等速送丝装置　　B. 变速送丝装置

5. 焊接参数中的热输入与（　）无关。

A. 焊接电流　　B. 电弧电压

C. 空载电压　　D. 焊接速度

6. MAG 焊是（　）熔化极气体保护焊。

A. 惰性气体保护　　B. 活性气体保护

C. CO_2 气体

7. 焊接速度过高时，会产生（　）等缺陷。

A. 焊瘤　　B. 热裂纹

C. 气孔　　D. 烧穿

二、判断题

1. 开坡口的目的主要是保证工件在厚度方向上全部焊透。（　）
2. 低碳钢可采用冷加工方法，也可采用热加工方法制备坡口。（　）
3. 外观检验是一种常用的、简单的检验方法，以肉眼观察为主。（　）
4. 外观检验之前，要求将焊缝表面的焊渣清理干净。（　）
5. 咬边作为一种缺陷的主要原因是在咬边处会引起应力集中。（　）

《熔化极气体保护焊》任务完成情况考核评分表

班级:　　姓名:　　学号:　　组别:

任务编号及名称: 任务三　12mm低碳钢板V形坡口平对接填充层焊接　　评价时间:

序号	考核项目	考核具体内容	评分标准(组员/组长)						
			权重	优秀90分	良好80分	中等70分	及格60分	不及格50分	考核项目成绩合计
1	社会能力(15%)	团队协作能力、人际交往和善于沟通能力	5%						
		自我学习能力和语言运用能力	5%						
		安全、环保和节约意识	5%						
2	方法能力(15%)	信息收集和信息筛选能力	5%						
		制订工作计划能力、独立决策和实施能力	5%						
		自我评价和接受他人评价的能力	5%						

（续）

序号	考核项目	考核具体内容	评分标准(组员/组长)						
			权重	优秀 90分	良好 80分	中等 70分	及格 60分	不及格 50分	考核项目成绩合计
3	专业能力（70%）	项目(或任务)报告的质量	10%						
		层间清理	10%						
		调节焊接参数	10%						
		填充层焊缝高度	10%						
		填充层焊缝平整度	10%						
		焊缝表面无咬边、气孔和夹渣等	10%						
		现场6S管理	10%						
4	本任务合计得分								

任务四　12mm 低碳钢板 V 形坡口平对接盖面层焊接

任务解析

本次教学任务是学生在完成 12mm 低碳钢板 V 形坡口平对接填充层焊接后进行的焊接操作，盖面层焊接操作方法与填充层焊接较为相似，学生焊接盖面层更为容易，也会焊得更好。本次任务主要介绍 12mm 低碳钢板 V 形坡口平对接盖面层焊接操作要点。通过盖面层焊接任务的学习，学生能够正确选用合适的焊接参数；能够进行 V 形坡口平对接盖面层的焊接；能够进行焊接质量的检测。

必备知识

焊接质检要根据焊缝设计要求进行各种级别、方式的检验。对于承载焊缝，一般要进行外观检验、无损检测和力学性能试验等。无损检测方法主要有射线检测 RT（薄板），超声检测 UT（中厚板），磁粉检测 MT（近表面），渗透检测 PT（着色、表面）等，主要保证焊缝的承载能力。对于重要结构件，要进行工艺性破坏性试验，即针对工件进行力学性能试验；对于非主要焊缝，主要检测焊接表面质量，包括咬边、夹杂、气孔和未熔合等缺陷。另外，对于表面质量要求严格的焊缝，要检测其道宽、余高、接头和错边等。

任务实施

一、工作准备

1. 工件

已经完成填充层焊接的钢板共两组。

2. 焊接设备和工具

NB-400 型半自动 CO_2 焊机、送丝装置、CO_2 气瓶和钢丝刷等。

3. 焊接材料（表 1-15）

表 1-15 盖面层焊接材料

名称	牌号	规格尺寸/mm	要求
焊丝	H08Mn2SiA	ϕ1.2	表面干净,无折丝现象
CO_2气体	—	—	纯度99.5%(体积分数)

二、工作程序

1）对填充层焊缝仔细清渣，应特别注意死角处的焊渣清理。将工件定位好后摆放在高度合适的位置，水平放置，注意工件的焊接位置要在整个焊接过程中都能清楚地看到，采用左焊法进行焊接。将填充层焊缝表面的飞溅清除干净，若焊缝表面有凹凸不平，可用角磨机进行打磨至平整。

2）开启焊接电源，检查气体流量和焊丝伸出长度，按表 1-16 调节焊接参数。

表 1-16 盖面层焊接参数调节

焊接层数	焊丝直径/mm	焊丝伸出长度/mm	焊接电流/A	电弧电压/V	气体流量/(L/min)
1	ϕ1.2	20~25	100~120	18~20	15

3）盖面层焊接。调节好焊接参数后，在工件的右端开始盖面层焊接，在距离焊缝始端 10mm 左右处引弧后，将电弧拉回到始端施焊。每次都应按此法操作，以防止产生缺陷。焊接过程中要保持喷嘴高度，特别注意观察熔池边缘，熔池边缘必须超过坡口表面棱边 0.5~1.5mm，以防止咬边。焊枪的横向摆动幅度比填充焊时稍大，尽量保持焊接速度均匀，使焊缝外形美观。采用月牙形或横向锯齿形摆动方式（图 1-26），焊枪与工件的右倾角应为 70°~75°。焊枪摆动到坡口边沿时，要稍作停顿，保持熔宽 1~2mm。焊枪前进的速度要均匀一致，使每个新的熔池覆盖前一个熔池的 2/3~3/4 为宜。收弧时要特别注意，一定要填满弧坑并使弧坑尽量短，以防止产生弧坑裂纹。

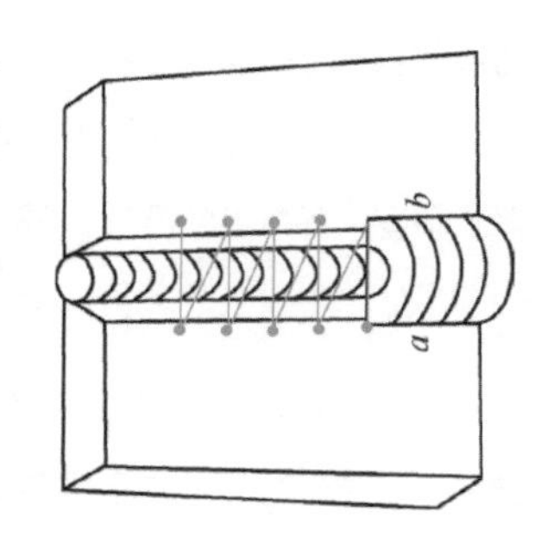

图 1-26 盖面层焊枪摆动方式

4）焊后清理及检测。将焊缝表面的飞溅清除干净，用钢丝刷刷净。按照考核评分表的要求进行焊缝表面质量检测。

任务总结

本次任务是学生在掌握熔化极气体保护焊平焊位置填充层焊接成形之后开展的，旨在培养学生熔化极气体保护焊平焊位置盖面层的焊接操作能力。其中的学习难点为熔化极气体保护焊焊接参数的调节以及盖面层焊接操作要点，教学中应明确焊接参数选择的方法及盖面层焊接质量控制要点。教学过程中建议采用项目化教学，学生以小组的形式完成任务，培养学生自主学习、与人合作、与人交流的能力。

12mm 低碳钢板 V 形坡口平对接盖面层焊接——微课

复习思考题

一、选择题

1. 薄板对接仰焊位置半自动 CO_2 焊时，应采用（　）。

A. 左焊法　　B. 右焊法　　C. 向下立焊　　D. 向上立焊

2. 熔化极气体保护焊焊丝不包括（　）。

A. 实芯焊丝　　B. 药芯焊丝　　C. 空芯焊丝

二、判断题

1. 由于细丝 CO_2 焊的工艺比较成熟，因此应用比粗丝 CO_2 焊广泛。（　）

2. CO_2 焊用于焊接低碳钢和低合金高强度钢时，主要采用硅锰联合脱氧的方法。（　）

3. 焊接用 CO_2 气体和 Ar 气一样，瓶里装的都是气态物质。（　）

4. 常用的焊丝牌号 H08Mn2SiA 中的“H”表示焊接。（　）

5. 常用焊丝牌号 H08Mn2SiA 中的“A”表示硫、磷质量分数≤ 0.03%。（　）

6. 板对接焊时，焊前应在坡口及两侧 20mm 范围内，将油污、铁锈、氧化物等清理干净。（　）

7. 细丝 CO_2 焊时，熔滴过渡形式一般都是喷射过渡。（　）

8. 粗丝 CO_2 焊时，熔滴过渡形式往往都是短路过渡。（　）

9. CO_2 焊时，只要焊丝选择恰当，产生 CO_2 气孔的可能性很小。（　）

10. 低合金高强度结构钢强度级别增大，淬硬冷裂纹倾向减小。（　）

《熔化极气体保护焊》任务完成情况考核评分表

班级:　　姓名:　　学号:　　组别:

任务编号及名称: 任务四　12mm低碳钢板V形坡口平对接盖面层焊接　　评价时间:

序号	考核项目	考核具体内容	评分标准(组员/组长)						
			权重	优秀 90分	良好 80分	中等 70分	及格 60分	不及格 50分	考核项目成绩合计
1	社会能力（15%）	团队协作能力、人际交往和善于沟通能力	5%						
		自我学习能力和语言运用能力	5%						

（续）

序号	考核项目	考核具体内容	评分标准（组员/组长）						
			权重	优秀 90分	良好 80分	中等 70分	及格 60分	不及格 50分	考核项目成绩合计
1	社会能力（15%）	安全、环保和节约意识	5%						
2	方法能力（15%）	信息收集和信息筛选能力	5%						
		制订工作计划能力、独立决策和实施能力	5%						
		自我评价和接受他人评价的能力	5%						
3	专业能力（70%）	项目（或任务）报告的质量	10%						
		层间清理、焊接参数调节	10%						
		焊缝直线度	10%						
		焊缝余高，余高差	10%						
		焊缝宽度，焊缝宽度差	10%						
		焊缝表面无咬边、焊瘤、气孔和夹渣等	10%						
		现场6S管理	10%						
4	本任务合计得分								

任务五　12mm 低碳钢板 V 形坡口平对接焊接

任务解析

本次教学任务是学生在完成 12mm 低碳钢板 V 形坡口平对接打底层焊接、填充层焊接和盖面层焊接后进行的综合性焊接操作。学生通过前面任务的学习已经具备了较高的焊接操作水平。本次任务旨在巩固学生的焊接技能水平，并通过焊接工艺卡的编制和学习促进学生焊接技术水平的提升，使学生能够从技能拓展到技术层面。通过本次任务的学习，学生能够正确选用合适的焊接参数；能够进行 V 形坡口平对接焊接操作；能够进行焊接质量的检测。

必备知识

12mm 低合金钢板 V 形坡口平对接焊接工艺卡见表 1–17。

表 1-17　12mm 低合金钢板 V 形坡口平对接焊接工艺卡

焊接方法	GMAW(熔化极气体保护焊)	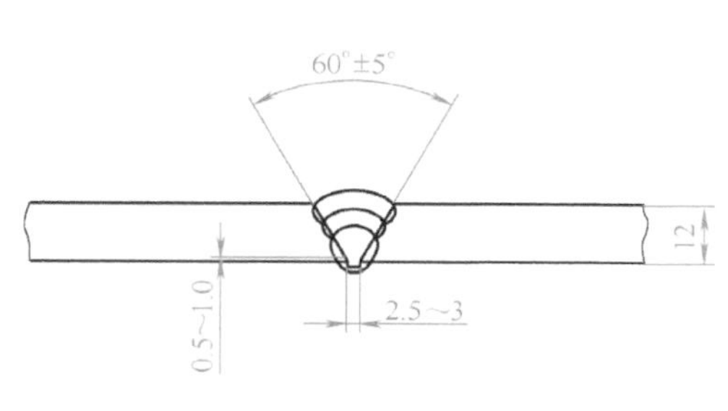
工件材质、规格	Q345R,300mm×125mm×12mm	
焊材牌号、规格	ER49-1,ϕ1.2mm	
保护气体及流量	CO_2气体,15L/min	
焊接接头	板—板对接,接头开坡口	
焊接位置	平焊(1G)	

预　热		焊后热处理	
预热温度	—	温度范围	—
层间温度	≤250℃	保温时间	—
预热方式	—	其他	—

焊接参数

焊层(道)	焊接方法	焊材		焊接电流		电弧电压范围/V	焊接速度/(mm/min)
		牌号	直径/mm	极性	范围/A		
1	GMAW	ER49-1	ϕ1.2	直流反接	90~100	19~21	70~90
2	GMAW	ER49-1	ϕ1.2	直流反接	160~180	20~23	80~100
3	GMAW	ER49-1	ϕ1.2	直流反接	160~180	20~23	80~100

施焊操作要领及注意事项

1)焊前准备。清理坡口及其正反面 20mm 范围内油污、铁锈至露出金属光泽，修正钝边 0.5~1.0mm，调节焊丝伸出长度和气体流量

2)装配。装配间隙为 2.5~3.0mm，错边量< 0.5mm，定位焊缝长度< 10mm，焊点在引弧端和收弧端，反变形角为 3°~5°

3)打底层焊接。采用连弧焊方法，锯齿形摆动，灵活控制焊丝伸出长度，使电弧熔化钝边 2mm 左右，达到单面焊双面成形

4)填充层焊接。采用连弧焊方法，锯齿形摆动，在坡口两侧停留，灵活控制焊丝伸出长度，严格控制熔池流动，控制焊缝低于母材表面 2mm，匀速向前施焊

5)盖面层焊接。施焊时，用同样的摆动方式熔化坡口边缘线，注意两侧的停留应保持一致，以便得到平直的焊缝

任务实施

一、工作准备

1. 工件

Q235B 钢板，规格尺寸为 300mm × 125mm × 12mm，单侧坡口角度为 30° ± 5°。每人四块，共两组。

2. 焊接设备和工具

NB-400 型半自动 CO_2 焊机、送丝装置、CO_2 气瓶和钢丝刷等。

3. 焊接材料（表 1-18）

表 1-18　平对接焊接材料

名称	牌号	规格尺寸/mm	要求
焊丝	H08Mn2SiA	ϕ1.2	表面干净,无折丝现象
CO_2气体	—	—	纯度99.5%(体积分数)

二、工作程序

1）工件装配。调整装配间隙、钝边并进行工件的装配。

2）调节焊接参数。按照工艺要求调节焊接参数。

3）焊接。将工件定位好后摆放在高度合适的位置，水平放置，注意工件的焊接位置要在整个焊接过程中都能清楚地看到，分别进行打底层焊接、填充层焊接和盖面层焊接。

4）按照考核评分表进行焊缝表面质量检测。

平焊工件的装配与焊接层数示意图如图 1-27 所示。

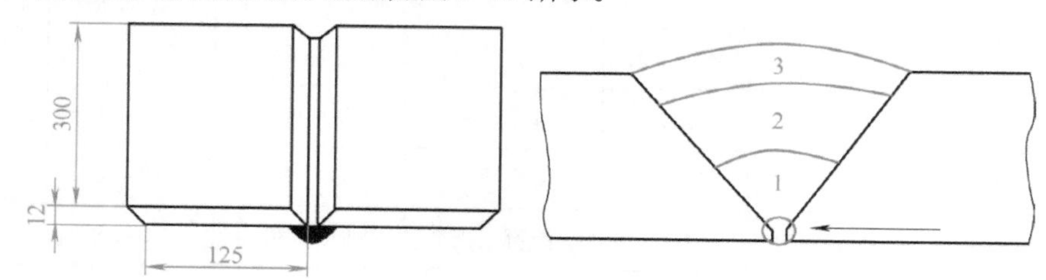

图 1-27　平焊工件的装配与焊接层数示意图

任务总结

本次任务是学生在学习完 12mm 低碳钢板 V 形坡口平对接打底层、填充层和盖面层焊接成形之后开展的，旨在培养学生使用熔化极气体保护焊进行 12mm 低碳钢板 V 形坡口平对接焊接操作能力；其中的学习难点为焊接过程中各层焊接操作要点，教学中应明确焊接参数选择的方法及焊接质量控制要点。教学过程中建议采用项目化教学，学生以小组的形式完成任务，培养学生自主学习、与人合作、与人交流的能力。

项目总结

本项目学习过程中以 12mm 低碳钢板 V 形坡口平对接焊接为载体，分析熔化极气体保护焊焊接操作人员工作岗位所需的知识、能力、素质要求，凝练岗位典型任务。教学过程中旨在培养学生使用熔化极气体保护焊进行 12mm 低碳钢板 V 形坡口平对接焊接打底层、填充层和盖面层的焊接操作能力，其中每一层的焊接操作要点及焊接质量控制是教学重点和难点。教学过程中建议采用项目化教学，学生以小组的形式完成任务，培养学生自主学习、与人合作、与人交流的能力。

12mm 低碳钢板 V 形坡口平对接焊接——微课

复习思考题

一、选择题

1. （　）气体作为焊接的保护气时，电弧一旦引燃燃烧就很稳定，适合手工焊接。

A. Ar　　B. CO_2　　C. CO_2+O_2　　D. $Ar+CO_2$

2. 按我国现行规定，氩气的纯度应达到（　）才能满足焊接的要求。

A. 98.5%　　B. 99.5%　　C. 99.95%　　D. 99.99%

3. 氩气瓶的外表涂成（　）。

A. 白色　　B. 银灰色　　C. 天蓝色　　D. 铝白色

4. 为了防止焊缝产生气孔，要求 CO_2 气瓶内的压力不低于（　）MPa。

A. 0.098　　B. 0.98　　C. 4.8　　D. 9.8

二、判断题

1. 低合金高强度结构钢焊接时产生热裂纹的可能性比冷裂纹小得多。（　）
2. 飞溅是 CO_2 焊的主要不足之处。（　）
3. CO_2 焊采用直流反接时，极点压力大，造成大颗粒飞溅。（　）
4. CO_2 焊的焊接电流增大时，熔深、熔宽和余高都有相应地增加。（　）
5. CO_2 焊时必须使用直流电源。（　）
6. CO_2 焊时会产生 CO 有毒气体。（　）
7. CO_2 焊的金属飞溅引起火灾的危险性比其他焊接方法大。（　）
8. CO_2 焊结束后，必须切断电源和气源，并检查现场，确无火种方能离开。（　）

三、简答题

1. 熔化极气体保护焊 V 形坡口平对接单面焊双面成形技术的要点是什么?
2. CO_2 焊焊接过程中产生飞溅的主要原因是什么?

《熔化极气体保护焊》任务完成情况考核评分表

班级:　　　　姓名:　　　　学号:　　　　组别:

任务编号及名称: 任务五　12mm低碳钢板V形坡口平对接焊接　　　　评价时间:

序号	考核项目	考核具体内容	评分标准(组员/组长)						
			权重	优秀 90分	良好 80分	中等 70分	及格 60分	不及格 50分	考核项目成绩合计
1	社会能力（15%）	团队协作能力、人际交往和善于沟通能力	5%						
		自我学习能力和语言运用能力	5%						

（续）

序号	考核项目	考核具体内容	评分标准(组员/组长)						
			权重	优秀 90分	良好 80分	中等 70分	及格 60分	不及格 50分	考核项目成绩合计
1	社会能力（15%）	安全、环保和节约意识	5%						
2	方法能力（15%）	信息收集和信息筛选能力	5%						
		制订工作计划能力、独立决策和实施能力	5%						
		自我评价和接受他人评价的能力	5%						
3	专业能力（70%）	项目(或任务)报告的质量	10%						
		焊缝直线度	5%						
		焊缝正面余高,余高差	10%						
		焊缝正面宽度,宽度差	10%						
		焊缝反面余高,余高差	10%						
		焊缝反面宽度,宽度差	10%						
		焊缝表面无咬边、焊瘤、气孔和夹渣等	10%						
		现场6S管理	5%						
4	本任务合计得分								

教学案例一　低碳钢板T形接头角焊缝焊接

（一）6mm钢板熔化极气体保护焊船形焊

（1）焊前准备　在6mm钢板熔化极气体保护焊船形焊焊接过程中，焊前要事先用砂轮机磨掉工件上的氧化皮，并进行矫正，使对接板平整。定位时以两点以上为宜，装配时应该严格控制工件的结合程度，确保不会因为装配不当而影响焊接质量。

（2）焊接要点　工件定位好后摆放在高度合适的位置，焊缝处于水平位置，注意工件的焊接位置要在整个焊接过程中都能清楚地看到，焊枪所在位置要完全与角焊缝的角平分线重合，焊丝所指位置如图 1-28 所示。焊接过程中焊枪随着熔池的形成均匀由右向左，焊枪应始终垂直焊接方向。焊后处理时应对整个焊缝进行清理，刷掉焊渣和杂质。船形焊的焊接参数见表 1-19。

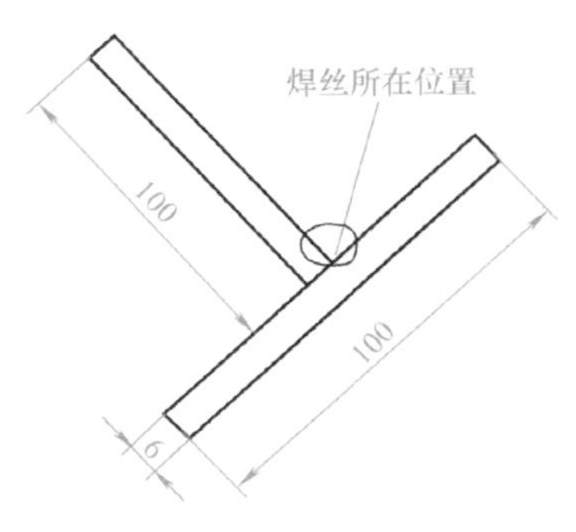

图 1-28　船形焊时焊丝所在位置

表 1-19　船形焊的焊接参数

材料	板厚/mm	位置	接头形式	焊接电流/A	电弧电压/V
低碳钢	6	船形焊	T形接头	125~155	20~23

（3）焊后检验　焊后待工件冷却后，首先对焊缝进行外观检验。同时可以采用断裂试验的方法进行焊缝根部焊透情况的检查。检查前先用砂轮机打磨掉工件的定位焊点，并沿焊缝打磨出一条深约 3mm 的沟道，以便进行断裂试验，通过试验确定焊缝根部是否焊透。由于工件为 6mm 厚的薄板，断裂试验时注意工件的摆放位置和施加压力的时间，否则工件不易压断。

6mm 低合金钢板熔化极气体保护焊船形焊焊接工艺卡见表 1-20。

表 1-20　6mm 低合金钢板熔化极气体保护焊船形焊焊接工艺卡

焊接方法	GMAW(熔化极气体保护焊)	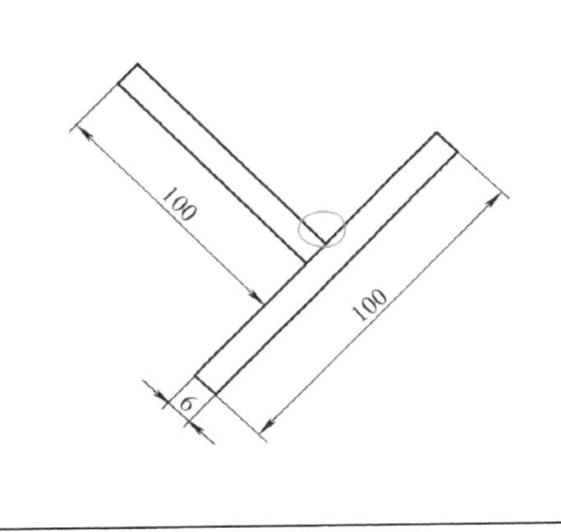
工件材质、规格	Q345R,300mm×100mm×6mm	
焊材牌号、规格	ER49-1,ϕ1.2mm	
保护气体及流量	CO_2气体,15L/min	
焊接接头	T形接头	
焊接位置	平焊(1F)	
其他	—	

（续）

预　　热		焊后热处理	
预热温度	—	温度范围	—
层间温度	≤250℃	保温时间	—
预热方式	—	其他	—

焊接参数

焊层（道）	焊接方法	焊材		焊接电流		电弧电压范围/V	焊接速度/(mm/min)
		牌号	直径/mm	极性	范围/A		
1	GMAW	ER49-1	ϕ1.2	直流反接	140~160	19~22	80~120

施焊操作要领及注意事项

1） 焊前准备。调平两钢板，清理油污、铁锈，将底板和立板的接头处打磨至露出金属光泽，立板的侧面同样打磨干净

2） 装配。两板关系为垂直，缝隙紧密，定位焊点固定两端，定位焊缝长度为10mm

3） 焊接。采用直线摆动，短路过渡形式，控制焊丝伸出长度，焊枪角度左右为45°，与焊接方向的下倾角为70°~80°，采用左焊法，焊接速度适当慢些，让熔池充分熔化角焊缝尖角处，匀速向前施焊

（二）12mm钢板熔化极气体保护焊平角焊

（1）焊前准备　在12mm钢板熔化极气体保护焊平角焊焊接过程中，焊前要事先用砂轮机磨掉工件上的氧化皮，定位时应注意保证工件的垂直度。

（2）焊接要点　工件定位好后摆放在高度合适的位置，水平放置，注意工件的焊接位置要在整个焊接过程中都能清楚地看到，焊接过程中焊枪随着熔池的形成均匀由右向左，焊枪与焊接方向的下倾角为70°~80°。焊缝采用两层三道的焊接方法，如图1-29所示。第一道焊缝的焊接方法与普通平角焊焊接方法相同；在第二道焊接过程中，焊丝应指向第一道焊缝与工件底板所形成的夹角处；第三道焊缝焊接时，焊枪应与工件立板成大约55°角，焊丝指向第一道焊缝与工件立板所形成的夹角处。

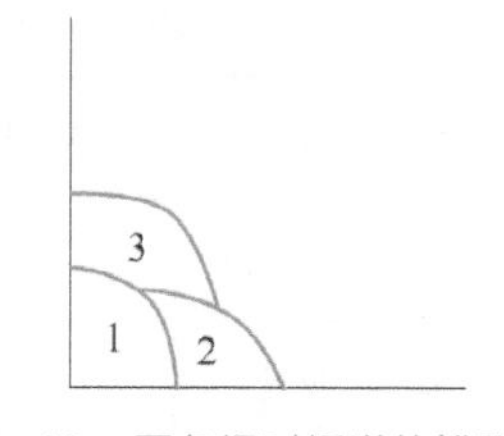

图1-29　平角焊时焊道的排列顺序

（3）焊后检验　焊后待工件冷却后，首先对焊缝进行外观检验。同时可以采用断裂试验的方法进行焊缝根部焊透情况的检查。检查前先用砂轮机打磨掉工件的定位焊点，并沿焊缝打磨出一条深约3 mm的沟道，以便进行断裂试验，通过试验确定焊缝根部是否焊透。

12mm 低合金钢板熔化极气体保护焊平角焊焊接工艺卡见表 1-21。

表 1-21　12mm 低合金钢板熔化极气体保护焊平角焊焊接工艺卡

焊接方法	GMAW(熔化极气体保护焊)
工件材质、规格	Q345R,300mm×100mm×12mm
焊材牌号、规格	ER49-1,ϕ1.2mm
保护气体及流量	CO_2气体,15L/min
焊接接头	T形接头
焊接位置	横焊(2F)
其他	—

预　热		焊后热处理	
预热温度	—	温度范围	—
层间温度	≤250℃	保温时间	—
预热方式	—	其他	—

焊接参数

焊层(道)	焊接方法	焊材		焊接电流		电弧电压范围/V	焊接速度/(mm/min)
		牌号	直径/mm	极性	范围/A		
1	GMAW	ER49-1	ϕ1.2	直流反接	140~160	19~22	80~100
2	GMAW	ER49-1	ϕ1.2	直流反接	150~170	20~23	90~120
3	GMAW	ER49-1	ϕ1.2	直流反接	150~170	20~23	90~120

施焊操作要领及注意事项

1）焊前准备。调平两钢板，清理油污、铁锈，将底板和立板的接头处打磨至露出金属光泽，立板的侧面同样打磨干净

2）装配。两板关系为垂直，缝隙紧密，定位焊点固定两端，定位焊缝长度为10mm

3）第一层焊接。采用直线摆动，短路过渡形式，控制焊丝伸出长度，焊枪角度左右为45°，与焊接方向的下倾角为70°~80°，采用左焊法，焊接速度适当慢些，让熔池充分熔化角焊缝尖角处，匀速向前施焊

4）焊接第二（三）层时，采用横向摆动，焊缝两侧稍作停顿，焊丝指向第一道焊缝边缘，略有停留，焊枪角度上边50°，下边40°，其他与第一层相同，匀速向前施焊

（三）12mm 钢板熔化极气体保护焊立角焊

（1）焊前准备　在 12mm 钢板熔化极气体保护焊立角焊过程中，焊前要事先用砂轮机磨掉工件上的氧化皮，定位时应注意保证工件的垂直度。

（2）焊接要点　工件定位好后摆放在高度合适的位置，注意工件的焊接位置要在整个焊接过程中都能清楚地看到。焊接过程中可以采用下面两种方法进行焊接。

1）两层两道焊接。第一层首先选取大电流在工件对接角处焊接一道焊缝，焊枪位置应在角焊缝的角平分线上，焊接过程中焊枪随着熔池的形成均匀上移，如果焊缝第一层太高，可以用砂轮机打磨一下；第二层焊接前，先调整到合适的焊接参数，电流一般要小于第一层焊接时的焊接电流，焊接时焊枪采用锯齿形摆动方式均匀上移，注意调整焊枪的摆动速度和摆动频率，中间要快速过渡，否则会出现焊缝中间很高的现象。

2）单层单道焊接。调整好焊接参数，通常焊接电流要小于第一种方法采用的电流，焊接时焊枪采用三角形摆动方式均匀上移，如图 1–30 所示。注意调整焊枪的摆动速度和摆动频率，中间要快速过渡，否则会出现焊缝中间很高的现象。

12mm 低碳钢板立角焊的焊接参数见表 1–22。

表 1–22　立角焊的焊接参数

材料	板厚/mm	焊丝直径/mm	位置	接头形式	摆动方式	焊接电流/A	电弧电压/V
低碳钢	12	ϕ1.2	立角焊	T形接头(两层)	直线摆动	135~155	17~22
					锯齿形摆动	90~110	15~19
低碳钢	12	ϕ1.2	立角焊	T形接头(一层)	三角形摆动	84~115	15~19

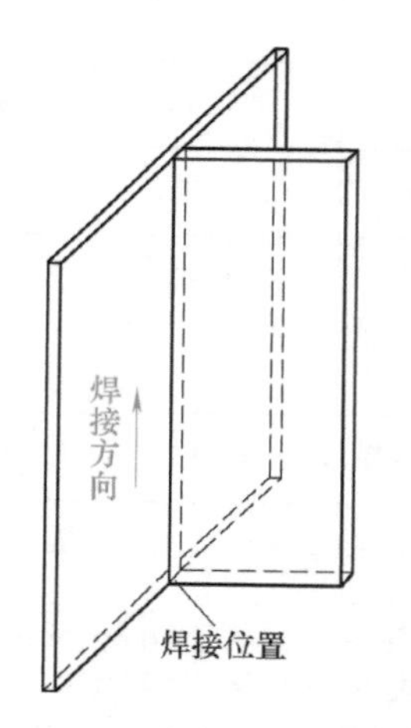

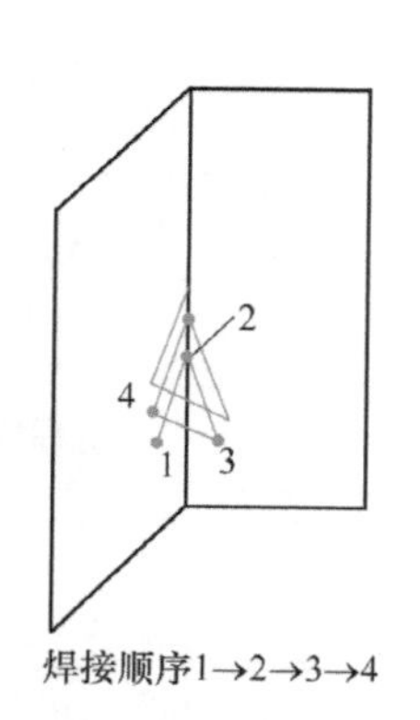

图 1–30　采用第二种方法时焊枪的摆动方式

（3）焊后检验　焊后待工件冷却后，首先对焊缝进行外观检验。同时可以采用断裂试验的方法进行焊缝根部焊透情况的检查。检查前先用砂轮机打磨掉工件的定位焊点，并沿焊缝打磨出一条深约 3 mm 的沟道，以便进行断裂试验，通过试验确定焊缝根部是否焊透。

12mm 低碳钢板熔化极气体保护焊立角焊焊接工艺卡见表 1–23。

表 1-23　12mm 低碳钢板熔化极气体保护焊立角焊焊接工艺卡

焊接方法	GMAW(熔化极气体保护焊)	12 300 焊接方向
工件材质、规格	Q235B,300mm×100mm×12mm	
焊材牌号、规格	H08Mn2SiA,φ1.2mm	
保护气体及流量	CO_2气体,15L/min	
焊接接头	T形接头	
焊接位置	立焊(3F)	
其他	—	

预　热		焊后热处理	
预热温度	—	温度范围	—
层间温度	≤250℃	保温时间	—
预热方式	—	其他	—

焊接参数

焊层(道)	焊接方法	焊材		焊接电流		电弧电压范围/V	焊接速度/(mm/min)
		牌号	直径/mm	极性	范围/A		
1	GMAW	H08Mn2SiA	φ1.2	直流反接	100~120	18~21	70~100
2	GMAW	H08Mn2SiA	φ1.2	直流反接	100~120	18~21	70~100

施焊操作要领及注意事项

1）焊前准备。调平两钢板，清理油污、铁锈，将底板和立板的接头处打磨至露出金属光泽，立板的侧面同样打磨干净

2）装配。两板关系为垂直，缝隙紧密，定位焊点固定两端，定位焊缝长度为10mm

3）焊接第一层时，控制焊丝伸出长度，焊枪两侧角度左右为45°，与焊接方向的下倾角为70°~80°，让熔池充分熔化角焊缝尖角处，匀速向上施焊

4）焊接第二层时，清理前道焊缝表面的杂物及飞溅，采用锯齿形摆动，左右摆动均匀，焊丝指向第一道焊缝边缘，略有停留，匀速向上施焊。焊后清理工件上的飞溅等杂物，焊缝保持原始状态

教学案例二　低碳钢薄板对接焊接

（一）3mm 低碳钢板熔化极气体保护焊平对接焊接

（1）焊前准备　在 3 mm 低碳钢板熔化极气体保护焊平对接焊接过程中，焊前要事先用砂轮机磨掉工件上的氧化皮，并进行矫正，使对接板平整。定位时，对接间隙为 3 mm 左右。装配时，将工件摆放到水平位置，保证工件装配后不存在错边。

（2）焊接要点　工件定位好后摆放在高度合适的位置，水平放置，注意工件的焊接位置要在整个焊接过程中都能清楚地看到。焊枪位置与工件成 70°~80° 角，焊接过程中焊枪随着熔池的形成均匀由左向右。焊接时焊枪要有规律地摆动。在保证焊透的情况下焊接速度应尽可能地快。施焊过程中应严格控制熔池的大小，因它极易烧穿。

3mm 低碳钢板平对接焊接的焊接参数见表 1–24。

表 1–24　3mm 低碳钢板平对接焊接的焊接参数

材料	板厚/mm	焊丝直径/mm	焊接电流/A	电弧电压/V	焊接速度/(mm/min)
低碳钢	3	ϕ1.0	90~110	18~22	80~120

（3）焊后检验　焊后待工件冷却后，按要求对焊缝进行外观检验。

（二）3 mm 低碳钢板熔化极气体保护焊立对接焊接

（1）焊前准备　在 3 mm 低碳钢板熔化极气体保护焊立对接焊接过程中，焊前要事先用砂轮机磨掉工件上的氧化皮，并进行矫正，使对接板平整。定位时对接间隙为 3 mm 左右，装配时将工件摆放到垂直位置，保证工件装配后不存在错边。

（2）焊接要点　工件定位好后摆放在高度合适的位置，工件摆放尽量与地面保持垂直，注意工件的焊接位置要在整个焊接过程中都能清楚地看到，焊枪位置与工件成 70° ~80° 角，也可以适当放小，以保证在焊接时能清楚看到熔池。焊接过程中焊枪随着熔池的形成均匀由上向下，施焊时焊枪要高频率地小幅度摆动，在保证焊透的情况下焊接速度应尽可能地快，施焊过程中应严格控制焊缝的宽度。

3mm 低碳钢板立对接焊接的焊接参数见表 1–25。

表 1–25　3mm 低碳钢板立对接焊接的焊接参数

材料	板厚/mm	焊丝直径/mm	焊接电流/A	电弧电压/V	焊接速度/(mm/min)
低碳钢	3	ϕ1.0	90~110	18~22	100~130

（3）焊后检验　焊后待工件冷却后，按要求对焊缝进行外观检验。

（三）6mm 低碳钢板熔化极气体保护焊平对接焊接

（1）焊前准备　在 6mm 低碳钢板熔化极气体保护焊平对接焊接过程中，工件开 V 形坡口，单侧坡口面角度为 30°，焊前要事先用砂轮机磨掉工件上的氧化皮，钝边为 2~3mm，并矫正钢板，使对接板平整。定位时，对接间隙一侧为 2~3mm，另一侧 3~4mm。装配时，将工件摆放到水平位置，保证工件装配后不存在错边。

（2）焊接要点　工件定位好后摆放在高度合适的位置，水平放置，注意工件的焊接位置要在整个焊接过程中都能清楚地看到。焊枪位置与工件成 70° ~80° 角，焊接过程中焊枪随着熔池的形成均匀由左向右。打底焊时应控制焊接速度，注意避免出现未烧穿现象。打底焊结束后，清理打底层飞溅和杂物，然后盖面焊。盖面焊时，在保证焊缝成形的情况下焊接速度应尽可能地快。

6mm 低碳钢板平对接焊接的焊接参数见表 1–26。

表 1–26　6mm 低碳钢板平对接焊接的焊接参数

材料	板厚/mm	焊丝直径/mm	焊接层数	焊接电流/A	电弧电压/V	焊接速度/（mm/min）
低碳钢	6	ϕ1.0	打底层	90~110	17~22	80~120
			盖面层	120~150	18~24	100~140

（3）焊后检验　焊后待工件冷却后，按要求对焊缝进行外观检验。

（四）6mm 低碳钢板熔化极气体保护焊立对接焊接

（1）焊前准备　在 6mm 低碳钢板熔化极气体保护焊立对接焊接过程中，工件开 V 形坡口，焊前要事先用砂轮机磨掉工件上的氧化皮，并矫正钢板，使对接板平整。钝边应大于或等于 2 mm。定位时，对接间隙为 2~3mm。

（2）焊接要点　工件定位好后摆放在高度合适的位置，工件摆放尽量与地面保持垂直，注意工件的焊接位置要在整个焊接过程中都能清楚地看到。焊枪位置与工件上侧成 70°~80°，即焊丝应指向下方，如图 1–31 所示。焊接过程中焊枪随着熔池的形成均匀由下向上，打底焊时应严格控制焊枪位置和角度，注意避免出现穿丝现象，且焊接过程中熔池可见度极差。打底焊结束后，用砂轮机进行打磨，然后盖面焊，施焊时，坡口两边施焊时间要远大于坡口中间，否则焊缝中间会很高。盖面焊时，在保证焊缝成形的情况下焊接速度应尽可能地快。

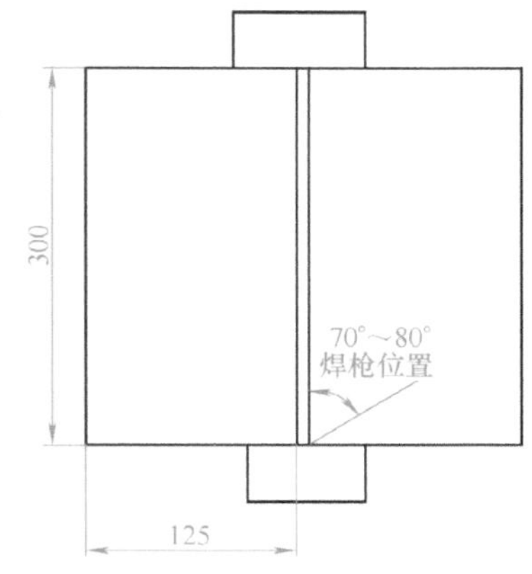

图 1–31　焊接时焊枪位置

6mm 低碳钢板立对接焊接的焊接参数见表 1–27。

表 1–27　6mm 低碳钢板立对接焊接的焊接参数

材料	板厚/mm	焊丝直径/mm	焊接层数	焊接电流/A	电弧电压/V	焊接速度/（mm/min）
低碳钢	6	ϕ1.0	打底层	90~110	17~21	80~120
			盖面层	120~140	18~22	100~140

（3）焊后检验　焊后待工件冷却后，按要求对焊缝进行外观检验。

项目二 低碳钢板 V 形坡口横对接焊接

项目导入

本项目是学生在学完入门项目“12mm 低碳钢板 V 形坡口平对接焊接”之后进行技能巩固和提升的教学项目。由于横焊位置的焊接操作难度比平焊位置有所增加，因此本项目旨在提高学生熔化极气体保护焊焊接操作技能。本项目是按照《焊工国家职业技能标准》（2009 版）要求设定的。本项目共分为四个任务，涵盖了 12mm 低碳钢板 V 形坡口横对接打底层、填充层和盖面层焊接，以及焊接质量的检测等。任务设置过程中依据学生的认知规律，按照由易到难、由浅入深、循序渐进的层次来安排教学内容。教学过程中建议采用项目化教学，学生以小组的形式完成任务，培养学生自主学习、与人合作、与人交流的能力。

学习目标

1. 能够正确选用焊接材料及调节焊接参数。
2. 能够进行熔化极气体保护焊 V 形坡口横对接单面焊双面成形焊接操作。
3. 能够分析横焊过程中常见焊接缺陷的产生原因并采用相应的防止措施。
4. 能够解释低碳钢板 V 形坡口横焊的特点。
5. 能够说明熔化极气体保护焊横对接打底层、填充层和盖面层焊接操作方法。
6. 能够说明焊缝的外观质量检测方法。

任务一　12mm 低碳钢板 V 形坡口横对接打底层焊接

任务解析

本次教学任务的目标是能够正确选用焊接材料；能够正确选择和调节焊接参数；能够掌握打底层焊接操作要点，熟练进行焊接操作；能够独立进行 V 形坡口横对接打底层单面焊双面成形焊接操作；能够进行焊接质量的检测。

必备知识

一、熔化极气体保护焊横焊焊接工艺

横焊时液态金属在自重作用下容易下淌，在焊缝上侧容易产生咬边，下侧容易产生焊瘤。因此，要选用较小的焊接电流，采用多层多道焊、短弧焊接。

板厚为 12mm 的钢板，对接横焊，焊缝共有四层十道。第一层为打底层，第二、三层为填充层（二层两道，三层三道），第四层为盖面层（四层四道）。

1. 打底层焊接

打底层焊接要点与平焊基本一致。引弧后，到达定位焊缝终端时，对准焊接坡口根部中心，压低电弧，将电弧推向工件的背面，稍作停留，听到“噗噗”声音，即表示焊透。

2. 填充层焊接

填充焊时焊枪不做任何摆动。焊下侧焊道时，焊枪与下板倾角为 90°，焊上侧焊道时焊枪与下板倾角为 60°~70°。焊道之间搭接要适当，不要产生深沟，一般两焊道之间搭接 1/3~1/2 为宜。最后一层填充层距母材表面 2mm 左右。

3. 盖面层焊接

焊接顺序为由下向上。整个焊接过程中，焊枪与工件的倾角为 70°~90°。盖面层第一道焊缝焊接时，焊枪与工件下坡口边缘夹角为 85°~90°，中间两道焊缝焊接时为 75°~85°。最后一道焊缝焊接时焊枪与工件上坡口边缘夹角为 85°~90°。最后一道焊缝焊接时应适当减小焊接电流或者增加焊接速度，将熔化金属均匀熔敷在坡口的上边缘。焊接过程中要控制好焊枪角度和焊接速度，防止熔化金属下淌，产生咬边。

二、熔化极气体保护焊横焊焊接过程注意事项

横焊最容易出现的表面缺陷有正反面焊缝上咬边等。横焊注意事项如图 2-1 所示。

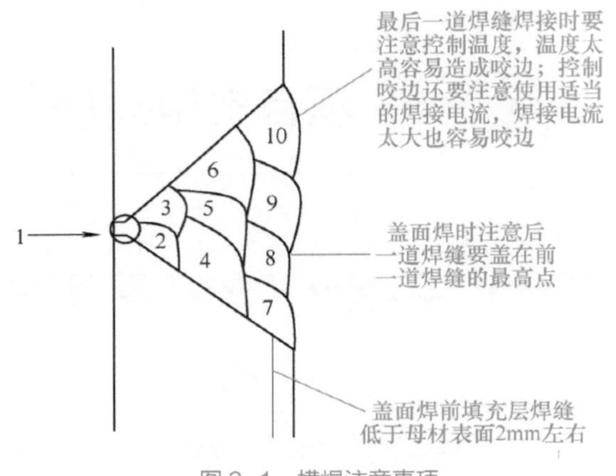

图 2-1　横焊注意事项

任务实施

一、工作准备

1. 工件

Q235B 钢板，规格尺寸为 300mm × 125mm × 12mm，单侧坡口面角度为 30° ±5°。

2. 焊接设备和工具

NB-400 型半自动 CO_2 焊机、送丝装置、CO_2 气瓶和钢丝刷等。

3. 焊接材料（表 2-1）

表 2-1　横焊打底层焊接材料

名称	牌号	规格尺寸/mm	要求
焊丝	H08Mn2SiA	ϕ1.2	表面干净,无折丝现象
CO_2气体	—	—	纯度99.5%(体积分数)

二、工作程序

1. 组对与定位焊

焊前在坡口两侧（正、反面）20mm 范围内除锈、去污，用角磨机打磨至露出金属光泽。按表 2-2 所提供的数据进行组对。开启焊接电源，检查气体流量和焊丝伸出长度，调节焊接参数。定位焊在焊接过程中是很重要的，并且一定要牢固，始焊端可以少焊些，终焊端应该多焊些（反转工件在终焊端再次加固），以免在焊接过程中收缩，造成终焊端坡口间隙变窄而影响焊接质量。采用正式焊接用焊丝进行定位焊，定位焊缝长度≤ 10mm，定位焊缝内侧用角磨机打磨成斜坡状，并将坡口内的飞溅清除。

由于 V 形坡口的不对称性，需采用反变形法来预防焊后角变形，即焊前将组好的工件向焊后角变形的反向折弯一定的反变形角。横焊工件的反变形比平焊稍大。横焊装配间隙及定位如图 2-2 所示。

表 2-2　横焊组对数据要求

坡口角度	预留间隙/mm		钝边/mm	反变形角	错边量/mm
	始焊端	终焊端			
60°±5°	2.5	3	0.5~1	3°	≤0.5

2. 调节焊接参数

横焊的打底层焊接参数调节见表 2-3。

表 2-3　横焊的打底层焊接参数调节

焊接层数	焊丝直径/mm	焊丝伸出长度/mm	焊接电流/A	电弧电压/V	气体流量/(L/min)
1	ϕ1.2	20~25	90~110	18~20	15

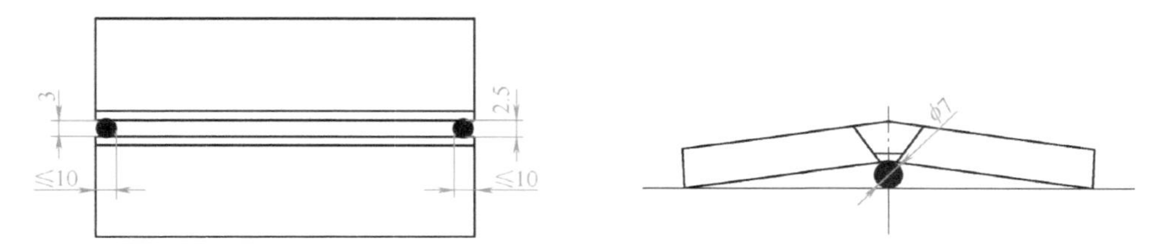

图 2-2　横焊装配间隙及定位

3. 打底层焊接

将工件定位好后摆放在高度合适的位置，使焊缝处于水平位置，注意工件的焊接位置要在整个焊接过程中都能清楚地看到，采用左焊法进行焊接。焊前先检查装配间隙及反变形量是否合适。从间隙较小的一侧开始焊接。

将工件间隙小的一端放于右侧，按图 2-3 所示要求保持焊枪角度，由右向左焊接。在工件右端定位焊缝上引燃电弧，以小幅度锯齿形摆动。当预焊点左侧形成熔孔后，保持熔孔边缘超过坡口下棱边 0.5~1mm 较合适。焊接过程中要仔细观察熔池的熔孔，根据间隙调整焊接速度及焊枪摆幅，尽可能地维持熔孔直径不变（图 2-4），焊至左端

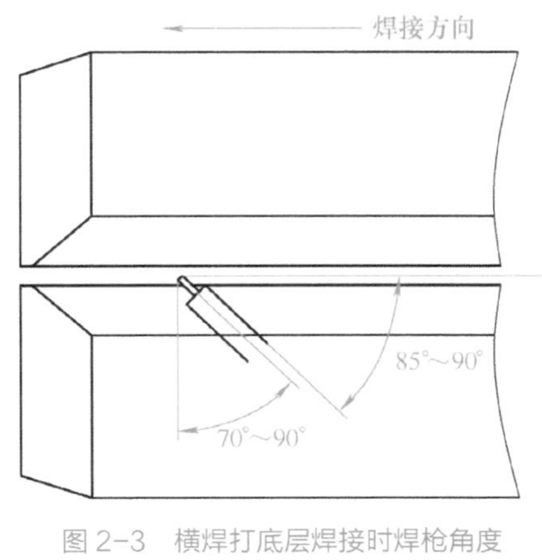

图 2-3　横焊打底层焊接时焊枪角度

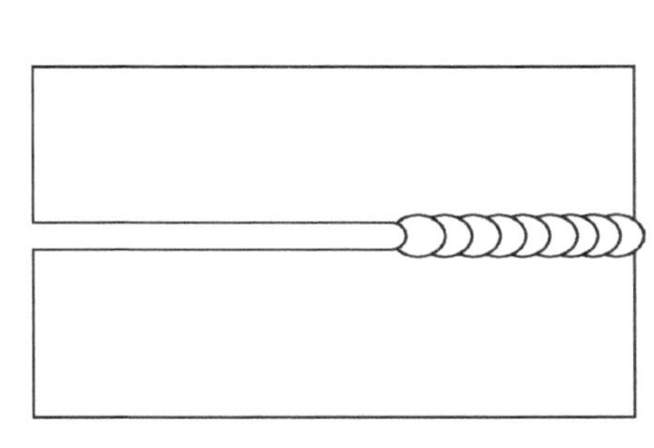

图 2-4　熔孔示意图

收弧。如果打底焊过程中电弧中断，应先将接头处打磨成斜坡状，在打磨了的焊道最高处引弧，并开始小幅度锯齿形摆动，当接头区前端形成熔孔后，继续焊完打底焊道。

4. 焊后清理及检测

将焊缝表面的飞溅清除干净，用钢丝刷刷净。按照考核评分表的要求进行焊缝表面质量检测。

任务总结

本次任务旨在培养学生使用熔化极气体保护焊进行横焊位置打底层单面焊双面成形操作的技能；其中的学习难点为熔化极气体保护焊焊接参数的调节及横焊位置打底层单面焊双面成形技术操作要点，教学中应明确焊接参数选择的方法及横焊打底层焊接操作要点。教学过程中建议采用项目化教学，学生以小组的形式完成任务，培养学生自主学习、与人合作、与人交流的能力。

12mm 低碳钢板 V 形坡口横对接打底层焊接——微课

复习思考题

一、选择题

1. 常用的焊丝牌号 H08Mn2SiA 中的“08”表示（　）。

A. 含碳量为 0.08%（质量分数）　B. 含碳量为 0.8%（质量分数）

C. 含碳量为 8%（质量分数）　D. 含锰量为 0.08%（质量分数）

2. 常用的焊丝牌号 H08Mn2SiA 中的“Mn2”表示（　）。

A. 含锰量为 0.02%（质量分数）　B. 含锰量为 0.2%（质量分数）

C. 含锰量为 2%（质量分数）　D. 含锰量为 20%（质量分数）

3. 熔化极氩弧焊焊接铝及其合金采用的电源及极性是（　）。

A. 直流正接　B. 直流反接　C. 交流焊　D. 直流正接或交流焊

4. 细丝 CO_2 焊时，熔滴过渡形式一般都是（　）。

A. 短路过渡　B. 细滴过渡　C. 粗滴过渡　D. 喷射过渡

5. CO_2 气体保护焊的送丝机中适用于 ϕ0.8mm 细丝的是（　）。

A. 推丝式　B. 拉丝式　C. 推拉式　D. 拉推式

6. 由于 CO_2 焊的 CO_2 气体具有氧化性，可以抑制（　）的产生。

A. CO 孔　B. H_2 孔　C. N_2 孔　D. NO 孔

7. CO_2 焊的焊丝伸出长度通常取决于（　）。

A. 焊丝直径　B. 焊接电流　C. 电弧电压　D. 焊接速度

二、判断题

1. Ar 气比空气轻，使用时易漂浮散失，因此焊接时必须加大 Ar 气流量。（　）

2. 使用 CO_2 气体作为保护气体要解决好对熔池金属的氧化问题，一般采用含有脱氧剂的焊丝进行焊接。（　）

3.CO_2 气体中水分的含量与气压有关，气体压力越低，气体中水分的含量越低。（　）

4.CO_2 气体保护焊的送丝机有推丝式、拉丝式、推拉式三种形式。（　）

5. 预热器的作用是防止 CO_2 从液态变为气态时，由于放热反应使瓶阀及减压器冻结。（　）

三、简答题

1. 横焊技术的特点是什么?

2. 多层多道焊技术的操作要点是什么?

《熔化极气体保护焊》任务完成情况考核评分表

班级:　　姓名:　　学号:　　组别:

任务编号及名称: 任务一　12mm低碳钢板V形坡口横对接打底层焊接　　评价时间:

序号	考核项目	考核具体内容	评分标准(组员/组长)						
			权重	优秀 90分	良好 80分	中等 70分	及格 60分	不及格 50分	考核项目成绩合计
1	社会能力（15%）	团队协作能力、人际交往和善于沟通能力	5%						
		自我学习能力和语言运用能力	5%						
		安全、环保和节约意识	5%						
2	方法能力（15%）	信息收集和信息筛选能力	5%						
		制订工作计划能力、独立决策和实施能力	5%						
		自我评价和接受他人评价的能力	5%						
3	专业能力（70%）	项目(或任务)报告的质量	10%						
		焊件坡口准备、装配、定位焊	10%						
		焊缝背面余高、余高差	10%						
		焊缝背面直线度	10%						
		焊缝背面宽度,焊缝宽度差	10%						
		焊缝表面无咬边、焊瘤、气孔和夹渣等	10%						
		现场6S管理	10%						
4	本任务合计得分								

任务二　12mm 低碳钢板 V 形坡口横对接填充层焊接

任务解析

本次教学任务的目标是能够正确选用焊接材料；能够正确选择和调节焊接参数；能够掌握填充层焊接操作要点，熟练掌握多层多道焊压道技术；能够进行 V 形坡口横对接填充层焊接；能够进行焊接质量的检测。

必备知识

V 形坡口横对接填充层焊接过程中，多层多道焊压道技术是关键。焊道之间压道成形的好坏不仅影响焊缝的外观成形，而且影响焊缝内部质量。焊道压得不平会导致夹渣、夹杂等焊接缺陷，同时还会引起未焊透和未熔合等缺陷。打底层焊接一般是焊一道，后面填充层和盖面层焊接时坡口宽度增加，需要多道焊道才能填充坡口，因此在横对接填充层和盖面层焊接过程中都要采用多层多道焊压道技术。填充层焊接过程中，第二道焊道压第一道的一半，焊丝对准上道焊缝的边缘，直线焊道压道，注意焊缝的宽度和焊道间的平整度控制。

任务实施

一、工作准备

1. 工件

已经完成打底层焊接的钢板共两组。

2. 焊接设备和工具

NB-400 型半自动 CO_2 焊机、送丝装置、CO_2 气瓶和钢丝刷等。

3. 焊接材料（表 2-4）

表 2-4　横焊填充层焊接材料

名称	牌号	规格尺寸/mm	要求
焊丝	H08Mn2SiA	ϕ1.2	表面干净，无折丝现象
CO_2气体	—	—	纯度99.5%（体积分数）

二、工作程序

1）对打底层焊缝仔细清渣，应特别注意死角处的焊渣清理。将工件定位好后摆放在高度合适的位置，注意工件的焊接位置要在整个焊接过程中都能清楚地看到，采用左焊法进行焊接。将打底层焊缝表面的飞溅清除干净，若焊缝表面有凹凸不平，可用角磨机进行打磨至平整。

2）开启焊接电源，检查气体流量和焊丝伸出长度，按表 2-5 调节焊接参数。

表 2-5　横焊的填充层焊接参数

焊接层数	焊丝直径/mm	焊丝伸出长度/mm	焊接电流/A	电弧电压/V	气体流量/(L/min)
1	ϕ1.2	20~25	100~120	18~20	15
2	ϕ1.2	20~25	100~120	18~20	15

3）填充层焊接。调节好焊接参数后，在工件的右端开始填充层焊接，如图 2-5 所示，焊填充焊道 2 时，焊枪成 0°～10° 俯角，电弧以打底焊道的下缘为中心做横向摆动，保证下坡口熔合良好。焊填充焊道 3 时，焊枪成 0°～10° 仰角，电弧以打底焊道上缘为中心，在焊道 2 和坡口上表面间摆动，保证熔合良好。

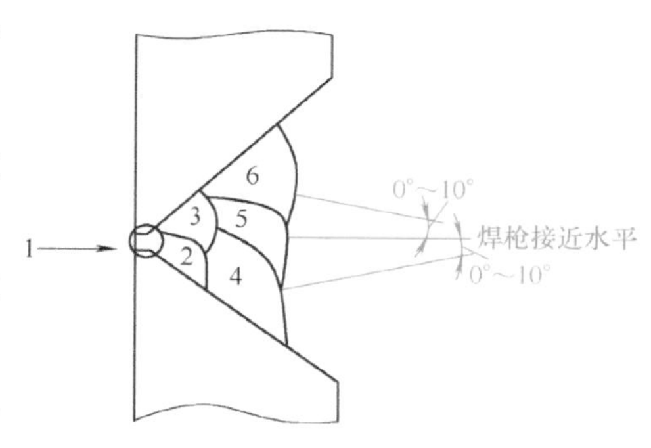

图 2-5　横焊填充层焊接时焊枪角度

4）填充层共两层，焊接操作方法相同。最后一层填充层应比母材表面低 2mm 左右，不得熔化坡口棱边，以利于盖面层保持平直。

5）焊后清理及检测。将焊缝表面的飞溅清除干净，用钢丝刷刷净。按照考核评分表的要求进行焊缝表面质量检测。

三、注意事项

1）焊接填充层第一层时的常见问题。一是上侧较低，有夹角，原因是电弧在上侧停留时间短、电弧未运动至最上方或电弧长度不合适；二是下侧有未熔合现象，原因是电弧运动方法错误。

2）焊接填充层第一道有两个要点。一是焊道截面形状应为台阶或近似台阶状，这样能更好地托住上方焊道，也有利于第一层焊缝平整；二是给最上方的焊道预留好合适的位置，以利于电弧能很方便地将根部熔化。

3）填充层每一层焊接完成后首先要保证上下两侧无夹角，再要保证平整，以利于下一层的焊接。

任务总结

本次任务是学生在掌握熔化极气体保护焊横焊位置打底层单面焊双面成形技术之后开展的，旨在培养学生熔化极气体保护焊横焊位置填充层的焊接操作能力；其中的学习难点为熔化极气体保护焊焊接参数的调节及填充层焊接操作要点，教学中应明确焊接参数选择的方法及填充层焊接质量控制要点。教学过程中建议采用项目化教学，学生以小组的形式完成任务，培养学生自主学习、与人合作、与人交流的能力。

12mm 低碳钢板 V 形坡口横对接填充层焊接——微课

复习思考题

一、选择题

1. 细丝 CO_2 焊时，熔滴应该采用（　　）过渡形式。

A. 短路　　B. 颗粒状　　C. 喷射　　D. 滴状

2. CO_2 焊时，用得最多的脱氧剂是（　　）。

A. Si、Mn　　B. C、Si　　C. Fe、Mn　　D.C、Fe

3. 储存 CO_2 气体的气瓶容量为（　　）L。

A. 10　　B. 25　　C. 40　　D. 45

4. 细丝 CO_2 焊的焊丝伸出长度为（　　）mm。

A. < 8　　B. 8~15　　C. 15~25　　D. > 25

二、判断题

1. NBC-350 型焊机是 CO_2 焊机。（　　）

2. CO_2 焊电源有直流和交流电源。（　　）

3. 管板定位焊焊缝两端尽可能焊出斜坡或修磨出斜坡，以方便接头。（　　）

4. 焊缝成形系数是熔焊时，在单道焊缝横截面上焊缝计算厚度与焊缝宽度之比值。（　　）

5. 焊缝成形系数小的焊道焊缝宽而浅，不易产生气孔、夹渣和热裂纹。（　　）

6. 电弧电压是决定焊缝厚度的主要因素。（　　）

7. 焊接电流是影响焊缝宽度的主要因素。（　　）

8. 开坡口通常是控制余高和调整焊缝熔合比最好的方法。（　　）

9. Ar 气不与金属起化学反应，在高温时不溶于液态金属中。（　　）

10. 通过焊接电流和电弧电压的配合，可以控制焊缝形状。（　　）

11. 常用焊丝牌号 H08Mn2SiA 中的“H”表示焊接。（　　）

12. 常用焊丝牌号 H08Mn2SiA 中的“A”表示硫、磷含量 $\leqslant 0.03\%$（质量分数）。（　　）

《熔化极气体保护焊》任务完成情况考核评分表

班级:　　姓名:　　学号:　　组别:

任务编号及名称: 任务二　12mm低碳钢板V形坡口横对接填充层焊接　　评价时间:

序号	考核项目	考核具体内容	评分标准(组员/组长)						
			权重	优秀90分	良好80分	中等70分	及格60分	不及格50分	考核项目成绩合计
1	社会能力（15%）	团队协作能力、人际交往和善于沟通能力	5%						

（续）

序号	考核项目	考核具体内容	评分标准(组员/组长)						
			权重	优秀90分	良好80分	中等70分	及格60分	不及格50分	考核项目成绩合计
1	社会能力（15%）	自我学习能力和语言运用能力	5%						
		安全、环保和节约意识	5%						
2	方法能力（15%）	信息收集和信息筛选能力	5%						
		制订工作计划能力、独立决策和实施能力	5%						
		自我评价和接受他人评价的能力	5%						
3	专业能力（70%）	项目(或任务)报告的质量	10%						
		层间清理	10%						
		焊接参数调节	10%						
		填充层焊缝高度	10%						
		填充层焊缝平整度	10%						
		焊缝表面无咬边、气孔和夹渣等	10%						
		现场6S管理	10%						
4	本任务合计得分								

任务三　12mm 低碳钢板 V 形坡口横对接盖面层焊接

任务解析

本次教学任务的目标是能够正确选用焊接材料；能够正确选择和调节焊接参数；能够掌握盖面层焊接操作要点；能够进行 V 形坡口横对接盖面层焊接；熟练掌握低碳钢板 V 形坡口横对接焊缝外观质量检测方法；能够进行焊接质量的检测。

必备知识

横焊时，熔池虽有下面母材支持而较易操作，但焊道表面不易对称，所以焊接时，必须使熔池尽量小。同时采用多层多道焊的方法来调整焊道表面形状，最后获得较对称的焊缝外形。横焊焊缝表面容易出现焊道不平或焊缝宽窄不一的表面缺陷，如果焊接参数不合理，还会导致焊瘤等焊接缺陷。

任务实施

一、工作准备

1. 工件

已经完成填充层焊接的钢板共两组。

2. 焊接设备和工具

NB−400 型半自动 CO_2 焊机、送丝装置、CO_2 气瓶和钢丝刷等。

3. 焊接材料（表 2−6）

表 2−6　横焊盖面层焊接材料

名称	牌号	规格尺寸/mm	要求
焊丝	H08Mn2SiA	ϕ1.2	表面干净,无折丝现象
CO_2气体	—	—	纯度99.5%(体积分数)

二、工作程序

1）对填充层焊缝仔细清渣，应特别注意死角处的焊渣清理。将工件定位好后摆放在高度合适的位置，注意工件的焊接位置要在整个焊接过程中都能清楚地看到，采用左焊法进行焊接。将填充层焊缝表面的飞溅清除干净，若焊缝表面有凹凸不平，可用角磨机进行打磨至平整。

2）开启焊接电源，检查气体流量和焊丝伸出长度，按表 2−7 调节焊接参数。

表 2−7　横焊的盖面层焊接参数调节

焊接层数	焊丝直径/mm	焊丝伸出长度/mm	焊接电流/A	电弧电压/V	气体流量/(L/min)
1	ϕ1.2	20~25	100~120	18~20	15

3）盖面层焊接。调节好焊接参数后，在工件的右端开始盖面层焊接，注意第一道焊缝要与坡口下边直线熔合合理，最后一道焊缝与上边直线熔合。横焊盖面层焊接时焊枪角度如图 2−6 所示。

4）焊后清理及检测。将焊缝表面的飞溅清除干净，用钢丝刷刷净。按照考核评分表的要求进行焊缝表面质量检测。

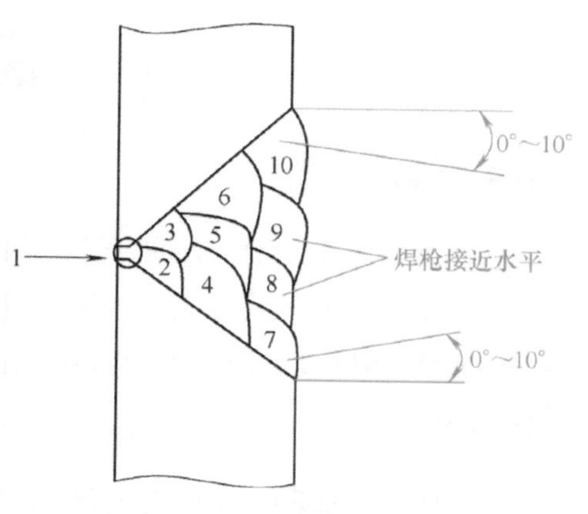

图 2−6　横焊盖面层焊接时焊枪角度

任务总结

本次任务是学生在掌握熔化极气体保护焊横焊位置填充层焊接成形之后开展的，旨在培养学生熔化极气体保护焊横焊位置盖面层的焊接操作能力；其中的学习难点为熔化极气体保护焊焊接参数的调节及盖面层焊接操作要点，教学中应明确焊接参数选择的方法及盖面层焊接质量控制要点。教学过程中建议采用项目化教学，学生以小组的形式完成任务，培养学生自主学习、与人合作、与人交流的能力。

12mm 低碳钢板 V 形坡口横对接盖面层焊接——微课

复习思考题

一、选择题

1. CO_2 焊的生产率比焊条电弧焊高（　）。

A. 1~2 倍　　B. 2.5~4 倍

C. 4~5 倍　　D. 5~6 倍

2. CO_2 焊时，使用的焊丝直径在 1mm 以上的半自动焊枪是（　）。

A. 拉丝式焊枪　　B. 推丝式焊枪

C. 细丝式焊枪　　D. 粗丝水冷焊枪

3. CO_2 焊时应（　）。

A. 先通气后引弧　　B. 先引弧后通气

C. 先停气后收弧　　D. 先停电后停送丝

4. 细丝 CO_2 焊的电源外特性曲线是（　）。

A. 平硬外特性　　B. 陡降外特性

C. 上升外特性　　D. 缓降外特性

5. 粗丝 CO_2 焊的焊丝直径为（　）。

A. < 1.2mm　　B. 1.2mm

C. $\geqslant 1.6$mm　　D. 1.2~1.5mm

6.（　）CO_2 焊属于气－渣联合保护。

A. 药芯焊丝　　B. 金属焊丝

C. 细焊丝　　D. 粗焊丝

二、简答题

1. 熔化极气体保护焊的主要焊接参数有哪些?

2. 简述横焊焊接过程中的操作注意事项。

《熔化极气体保护焊》任务完成情况考核评分表

班级:　　姓名:　　学号:　　组别:

任务编号及名称: 任务三　12mm低碳钢板V形坡口横对接盖面层焊接　　评价时间:

序号	考核项目	考核具体内容	评分标准(组员/组长)						
			权重	优秀 90分	良好 80分	中等 70分	及格 60分	不及格 50分	考核项目成绩合计
1	社会能力(15%)	团队协作能力、人际交往和善于沟通能力	5%						
		自我学习能力和语言运用能力	5%						
		安全、环保和节约意识	5%						
2	方法能力(15%)	信息收集和信息筛选能力	5%						
		制订工作计划能力、独立决策和实施能力	5%						
		自我评价和接受他人评价的能力	5%						
3	专业能力(70%)	项目(或任务)报告的质量	10%						
		层间清理、焊接参数调节	10%						
		焊缝直线度	10%						
		焊缝余高,余高差	10%						
		焊缝宽度,焊缝宽度差	10%						
		焊缝表面无咬边、焊瘤、气孔和夹渣等	10%						
		现场6S管理	10%						
4	本任务合计得分								

任务四　12mm 低碳钢板 V 形坡口横对接焊接

任务解析

本次教学任务是学生在完成 12mm 低碳钢板 V 形坡口横对接打底层焊接、填充层焊接和盖面层焊接后进行的综合性焊接操作。学生通过前面任务的学习已经具备了较高的焊接操作水平。本次任务旨在巩固学生的焊接技能水平，并通过焊接工艺卡的编制和学习促进学生焊接技术水平的提升，使学生能够从技能拓展到技术层面。通过本次任务的学习，学生能够正确选用合适的焊接参数；能够进行V形坡口横对接焊接操作；能够进行焊接质量的检测。

必备知识

12mm低合金钢板V形坡口横对接焊接工艺卡见表2-8。

表2-8　12mm低合金钢板V形坡口横对接焊接工艺卡

焊接方法	GMAW（熔化极气体保护焊）
工件材质、规格	Q345R,300mm×125mm×12mm
焊材牌号、规格	ER49-1,ϕ1.2mm
保护气体及流量	CO_2气体,15L/min
焊接接头	板—板对接,接头开坡口
焊接位置	横焊（2G）

0.5~1.0
60°±5°
3~4
12

预　热		焊后热处理	
预热温度	—	温度范围	—
层间温度	≤250℃	保温时间	—
预热方式	—	其他	—

焊接参数

焊层（道）	焊接方法	焊材		焊接电流		电弧电压范围/V	焊接速度/(mm/min)
		牌号	直径/mm	极性	范围/A		
1	GMAW	ER49-1	ϕ1.2	直流反接	90~110	19~21	70~100
2	GMAW	ER49-1	ϕ1.2	直流反接	100~120	19~23	80~110
3	GMAW	ER49-1	ϕ1.2	直流反接	100~120	19~23	80~110

施焊操作要领及注意事项

1）焊前准备。清理坡口及其正反面20mm范围内油污、铁锈至露出金属光泽，修正钝边0.5~1.0mm，调节焊丝伸出长度和气体流量

2）装配。装配间隙为2.5~3.0mm，错边量＜0.5mm，定位焊缝长度＜10mm，焊点在引弧端和收弧端，反变形角为3°~5°

3）打底层焊接。采用连弧焊方法，锯齿形摆动，灵活控制焊丝伸出长度，使电弧熔化钝边，控制电流及熔孔大小，达到单面焊双面成形

4）填充层焊接。多层多道焊，每道焊缝必须覆盖前道焊缝的1/2或2/3，焊缝必须低于母材表面2mm左右。关键是道与道之间的压道要合理，第一道的焊接必须平直，是基准

5）盖面层焊接。采用同样的方法施焊，注意第一道的焊缝要与坡口下边直线熔合，最后一道与上边直线熔合

任务实施

一、工作准备

1. 工件

Q235B 钢板，规格尺寸为 300mm × 125mm × 12mm，坡口面角度为 30° ± 5°。

2. 焊接设备和工具

NB−400 型半自动 CO_2 焊机、送丝装置、CO_2 气瓶和钢丝刷等。

3. 焊接材料（表 2−9）

表 2−9　横焊焊接材料

名称	牌号	规格尺寸/mm	要求
焊丝	H08Mn2SiA	ϕ1.2	表面干净,无折丝现象
CO_2气体	—	—	纯度99.5%(体积分数)

二、工作程序

1）工件装配。调整装配间隙、钝边并进行工件的装配。

2）调节焊接参数。按照工艺要求调节焊接参数。

3）焊接。将工件定位好后摆放在高度合适的位置，注意工件的焊接位置要在整个焊接过程中都能清楚地看到，分别进行打底层焊接、填充层焊接和盖面层焊接。

4）按照考核评分表进行焊缝表面质量检测。

横焊的工件装配与焊接层数示意图如图 2−7 所示。

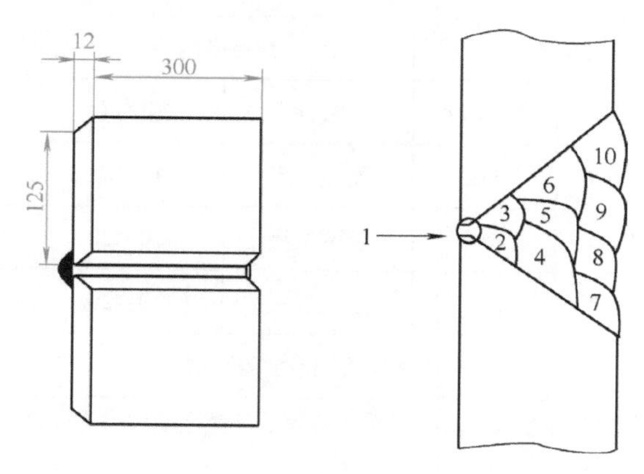

图 2−7　横焊的工件装配与焊接层数示意图

任务总结

本次任务是学生在学习完 12mm 低碳钢板 V 形坡口横对接打底层、填充层和盖面层焊接成形之后开展的，旨在培养学生使用熔化极气体保护焊进行 12mm 低碳钢板 V 形坡口横对接焊接操作能力；其中的学习难点为焊接过程中各层的焊接操作要点，教学中应明确焊接参数选择的方法及焊接质量控制要点。教学过程中建议采用项目化教学，学生以小组的形式完成任务，培养学生自主学习、与人合作、与人交流的能力。

项目总结

本项目学习过程中以 12mm 低碳钢板 V 形坡口横对接焊接为载体，分析熔化极气体保护焊焊接操作人员工作岗位所需的知识、能力、素质要求，凝练岗位典型任务。教学过程旨在培养学生使用熔化极气体保护焊进行 12mm 低碳钢板 V 形坡口横对接焊接打底层、填充层和盖面层的焊接操作能力，其中每一层的焊接操作要点及焊接质量控制是教学重点和难点。教学过程中建议采用项目化教学，学生以小组的形式完成任务，培养学生自主学习、与人合作、与人交流的能力。

12mm 低碳钢板 V 形坡口横对接焊接——微课

复习思考题

一、选择题

1. 氩弧比一般焊接电弧（　）。

A. 容易引燃　　B. 稳定性差

C. 有阴极破碎作用　　D. 热量分散

2. 熔化极氩弧焊的特点是（　）。

A. 不能焊铜及其合金　　B. 用钨作为电极

C. 工件变形比 TIG 焊大　　D. 不采用高密度电流

3. 熔化极氩弧焊在氩气中加入一定量的氧，可以有效地克服焊接不锈钢时的（　）环境。

A. 阴极破碎　　B. 阴极飘移　　C. 晶间腐蚀　　D. 表面氧化

4.CO_2 焊焊接低碳钢时，应用的焊丝牌号是（　）。

A. H08Mn2Si　　B. H08A　　C.H08MnA　　D. H08 或 H08MnA

5. 为了减少工件变形，应选择（　）。

A. X 形坡口　　B. I 形坡口　　C. 工字梁　　D. 十字形工件

6. 减少焊接残余应力的措施，不正确的是（　）。

A. 采取反变形　　B. 先焊收缩较小焊缝

C. 锤击焊缝　　D. 对工件预热

7. 焊后（　）在焊接结构内部的焊接应力，就称为焊接残余应力。

A. 延伸　　B. 压缩　　C. 凝缩　　D. 残留

8. 由于焊接时温度分布（　）而引起的应力称为热应力。

A. 不均匀　　B. 均匀　　C. 不对称　　D. 对称

二、判断题

1. CO_2 焊时只要焊丝选择恰当，产生 CO_2 气孔的可能性很小。（　）

2. 低合金高强度结构钢焊接时产生热裂纹的可能性比冷裂纹小得多。(　　)
3. 飞溅是 CO_2 焊的主要不足之处。(　　)
4. CO_2 焊采用直流反接时，极点压力大，造成大颗粒飞溅。(　　)
5. CO_2 焊的焊接电流增大时，熔深、熔宽和余高都有相应地增加。(　　)
6. CO_2 焊时必须使用直流电源。(　　)
7. CO_2 焊时会产生 CO 有毒气体。(　　)

三、简答题

熔化极气体保护焊 V 形坡口横焊焊接的操作要点是什么?

《熔化极气体保护焊》任务完成情况考核评分表

班级:　　　　　　姓名:　　　　　　学号:　　　　　　组别:

任务编号及名称: 任务四　12mm低碳钢板V形坡口横对接焊接　　　　评价时间:

序号	考核项目	考核具体内容	评分标准(组员/组长)						
			权重	优秀 90分	良好 80分	中等 70分	及格 60分	不及格 50分	考核项目成绩合计
1	社会能力(15%)	团队协作能力、人际交往和善于沟通能力	5%						
		自我学习能力和语言运用能力	5%						
		安全、环保和节约意识	5%						
2	方法能力(15%)	信息收集和信息筛选能力	5%						
		制订工作计划能力、独立决策和实施能力	5%						
		自我评价和接受他人评价的能力	5%						
3	专业能力(70%)	项目(或任务)报告的质量	5%						
		焊缝直线度	10%						
		焊缝正面余高，余高差	10%						
		焊缝正面宽度，宽度差	10%						
		焊缝背面余高，余高差	10%						

（续）

序号	考核项目	考核具体内容	评分标准(组员/组长)						
			权重	优秀90分	良好80分	中等70分	及格60分	不及格50分	考核项目成绩合计
3	专业能力（70%）	焊缝背面宽度,宽度差	10%						
		焊缝表面无咬边、焊瘤、气孔和夹渣等	10%						
		现场6S管理	5%						
4	本任务合计得分								

教学案例三　12mm低碳钢管V形坡口垂直固定焊接

1. 焊前准备

在12mm低碳钢管采用熔化极气体保护焊进行垂直固定焊接的过程中，工件开V形坡口，坡口面角度为30°，焊前要事先用砂轮机磨掉工件上的氧化皮，清理管壁毛刺，清理坡口及其正反面20mm范围内油污、铁锈至露出金属光泽，修正钝边0.5～1.0mm，调节焊丝伸出长度和气体流量。装配间隙为2.5～3.2mm，错边量＜0.5mm，定位焊缝长度＜10mm，焊点牢固，焊点为两处或三处。工件装配时要严格控制钢管的同心度，保证工件装配后不存在错边。

2. 焊接要点

工件定位好后摆放在高度合适的位置，注意工件的焊接位置要在整个焊接过程中都能清楚地看到。焊接过程中采用多层多道焊的焊接方法，共四层。打底焊时，电流较小，应控制焊接速度，控制熔池和熔孔的大小；同时，焊枪位置要时刻变化，保证与工件的角度。

1）打底层。采用右焊法，焊枪与工件的夹角保持70°～80°，采用连弧焊方法，锯齿形小幅摆动，灵活控制焊丝伸出长度，使电弧熔化钝边1mm左右；接头时需打磨弧坑，达到单面焊双面成形。

2）填充层。焊接第一层时，先清理打底层焊接杂物，采用左焊法，错开打底层起焊处，焊枪上下摆动，匀速向前施焊；焊接第二层时，采用多层多道焊，控制焊缝高度低于母材表面2mm左右，错开接头处位置。

3）盖面层。与填充层第二层的焊接方法相同，注意坡口两侧棱边熔化，随时调整焊枪角度，以便得到平直的焊缝。焊后清理工件上的飞溅及杂物，焊缝保持原始状态。

3. 焊后检验

待工件冷却后，对焊缝进行外观检验。焊缝成形尺寸要符合要求，焊脚尺寸均匀，整条焊缝尺寸要均匀，焊缝金属应向母材圆滑过渡，避免尖角。焊缝表面不应有裂纹、焊瘤、气孔、咬边及未填满的弧坑或凹陷存在，管内壁不允许塌陷。

与低碳钢管的垂直固定焊类似，12mm 低合金钢管 V 形坡口垂直固定焊接工艺卡见表 2-10。

表 2-10　12mm 低合金钢管 V 形坡口垂直固定焊接工艺卡

焊接方法	GMAW(熔化极气体保护焊)
工件材质、规格	Q345R, ϕ114mm×12mm×150mm
焊材牌号、规格	ER49-1, ϕ1.2mm
保护气体及流量	CO_2气体, 15L/min
焊接接头	管—管对接，接头开坡口
焊接位置	垂直固定(2G)
其他	—

预　热		焊后热处理	
预热温度	—	温度范围	—
层间温度	≤250℃	保温时间	—
预热方式	—	其他	—

焊接参数

焊层(道)	焊接方法	焊材		焊接电流		电弧电压范围/V	焊接速度/(mm/min)
		牌号	直径/mm	极性	范围/A		
1	GMAW	ER49-1	ϕ1.2	直流反接	90~100	19~21	70~90
2	GMAW	ER49-1	ϕ1.2	直流反接	95~105	20~22	80~100
3	GMAW	ER49-1	ϕ1.2	直流反接	90~100	19~21	80~100
4	GMAW	ER49-1	ϕ1.2	直流反接	90~100	19~21	80~100

施焊操作要领及注意事项

1）焊前准备。清理管壁毛刺，清理坡口及其正反面20mm范围内油污、铁锈至露出金属光泽，修正钝边0.5~1.0mm，调节焊丝伸出长度和气体流量

2）装配。装配间隙为2.5~3.2mm，错边量＜0.5mm，定位焊缝长度＜10mm，焊点牢固，焊点为两处或三处

3）打底层焊接。采用右焊法，焊枪与工件的夹角保持70°~80°，采用连弧焊方法，锯齿形小幅摆动，灵活控制焊丝伸出长度，使电弧熔化钝边1mm左右，接头时需打磨弧坑，达到单面焊双面成形

4）填充层焊接。焊接第一层时，先清理打底层焊接杂物，采用左焊法，错开打底层起焊处，焊枪上下摆动，匀速向前施焊；焊接第二层时，采用多层多道焊，控制焊缝高度低于母材表面2mm左右，错开接头处位置

5）盖面层焊接。与填充层第二层的焊接方法相同，注意坡口两侧棱边熔化，随时调整焊枪角度，以便得到平直的焊缝。焊后清理工件上飞溅及杂物，焊缝保持原始状态

项目三 低碳钢板 V 形坡口立对接焊接

项目导入

本项目是学生在学完提高项目“12mm 低碳钢板 V 形坡口横对接焊接”之后进行技能再提升的教学项目。由于立焊位置的焊接操作难度比平焊位置和横焊位置都有所增加，因此本项目旨在提高学生熔化极气体保护焊焊接操作技能。本项目是按照《焊工国家职业技能标准》（2009 版）要求设定的。本项目共分为四个任务，涵盖了 12mm 低碳钢板 V 形坡口立对接打底层、填充层和盖面层焊接，以及焊接质量的检测等。任务的设置是依据学生的认知规律，按照由易到难、由浅入深、循序渐进的层次来安排的。教学过程中建议采用项目化教学，学生以小组的形式完成任务，培养学生自主学习、与人合作、与人交流的能力。

学习目标

1. 能够正确选用焊接材料及调节焊接参数。
2. 能够进行熔化极气体保护焊 V 形坡口立焊单面焊双面成形焊接操作。
3. 能够分析立焊过程中常见焊接缺陷的产生原因并采取相应的防止措施。
4. 能够解释低碳钢板 V 形坡口立焊的特点。
5. 能够说明熔化极气体保护焊立焊打底层、填充层和盖面层焊接操作方法。
6. 能够说明焊缝的外观质量检测方法。

项目实施

任务一　12mm 低碳钢板 V 形坡口立对接打底层焊接

任务解析

本次教学任务的目标是能够正确选用焊接材料；能够正确选择和调节焊接参数；能够掌握打底层焊接操作要点，能够独立进行 V 形坡口立对接打底层单面焊双面成形焊接操作；能够进行焊接质量检测。

必备知识

一、立焊的特点

立焊是指与水平面相垂直的立位焊缝的焊接。根据焊枪的移动方向，立焊的焊接方法可分为两类：一类是向下立焊，一般用于 6mm 以下的薄板；另一类是向上立焊。向下立焊时，焊缝外观好，但易未焊透，应尽量避免摆动。若电流过大、电弧电压过高或焊接速度过慢，就会产生焊接缺陷。

立焊较平焊操作困难，具有下列特点。

1）铁液与熔渣因自重下坠，故易分离。但熔池温度过高时，铁液易下流而形成焊瘤、咬边。

2）易掌握熔透情况，但焊缝成形不良。

3）T 形接头焊缝根部易产生未焊透现象，焊缝两侧易出现咬边缺陷。

4）焊接生产率较平焊低。

5）焊接时宜选用短弧焊。

6）操作技术难掌握。

二、厚板 V 形坡口立焊难点

与薄板立焊相比较，厚板立焊的操作方法较好掌握，熔池温度较好控制，但由于工件较厚，需采用多层多道焊，故给焊接操作带来一定困难，特别是打底焊，若掌握不好会出现多种焊接缺陷，如夹渣、焊瘤、咬边、未焊透、烧穿和焊缝出现尖角等。

任务实施

一、工作准备

1. 工件

Q235B 钢板，规格尺寸为 300mm × 125mm × 12mm，坡口面角度为 30° ± 5°。

2. 焊接设备和工具

NB-400 型半自动 CO_2 焊机、送丝装置、CO_2 气瓶和钢丝刷等。

3. **焊接材料（表 3-1）**

表 3-1　立焊打底层焊接材料

名称	牌号	规格尺寸/mm	要求
焊丝	H08Mn2SiA	ϕ1.2	表面干净,无折丝现象
CO_2气体	—	—	纯度99.5%(体积分数)

二、工作程序

1. 组对与定位焊

焊前在坡口两侧（正、反面）20mm 范围内除锈、去污，用角磨机打磨至露出金属光泽。按 V 形坡口平焊的定位方法进行组对装配。

2. 调节焊接参数

立焊的打底层焊接参数调节见表 3-2。

表 3-2　立焊的打底层焊接参数调节

焊接层数	焊丝直径/mm	焊丝伸出长度/mm	焊接电流/A	电弧电压/V	气体流量/(L/min)
1	ϕ1.2	20~25	90~110	18~20	15

3. 打底层焊接

将工件定位好后摆放在高度合适的位置，焊缝竖直放置，注意工件的焊接位置要在整个焊接过程中都能清楚地看到，采用向上立焊法进行焊接。焊前先检查装配间隙及反变形量是否合适，从间隙较小的一侧开始焊接。立对接打底层焊接时焊枪角度如图 3-1 所示。

在工件下端定位焊缝上引弧，使电弧沿焊缝中心做锯齿形横向摆动，当电弧超过定位焊缝并形成熔孔时，转入正常焊接。注意焊枪的横向摆动方式必须正确，否则焊肉下坠，焊缝成形不好。采用小间距锯齿形摆动或间距稍大的上凸月牙形摆动，焊道成形较好，而采用下凹月牙形摆动，容易造成焊道表面下坠，如图 3-2 所示。

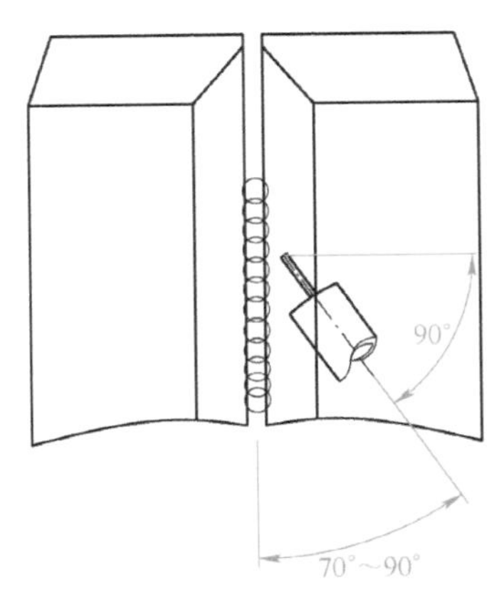

图 3-1　立对接打底层焊接时焊枪角度

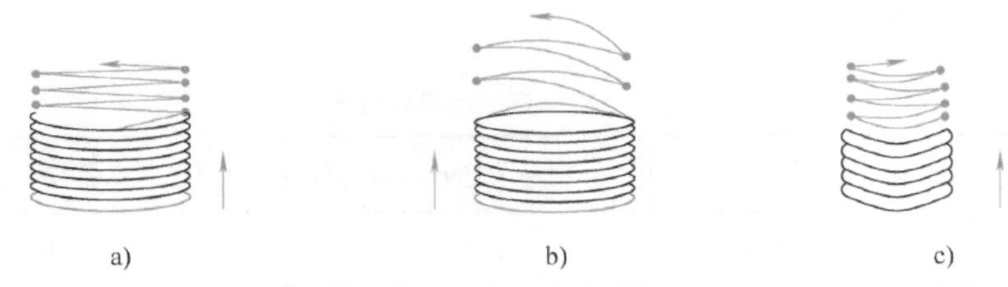

图 3-2 立对接打底层焊接焊枪摆动方式

a）小间距锯齿形摆动 b）上凸月牙形摆动 c）下凹月牙形摆动

焊接过程中要特别注意熔池和熔孔的变化，不能让熔池太大。若焊接过程中断电弧，则应按基本操作方法中要求的接头要点，先将需接头处打磨成斜面，打磨时要特别注意不能磨掉坡口的下边缘，以免局部间隙太宽。

4. 焊后清理及检测

将焊缝表面的飞溅清除干净，用钢丝刷刷净。按照考核评分表的要求进行焊缝表面质量检测。

任务总结

本次任务旨在培养学生使用熔化极气体保护焊进行立焊位置的单面焊双面成形操作技术，其中的学习难点为熔化极气体保护焊焊接参数的调节及立焊位置打底层单面焊双面成形技术操作要点，教学中应明确焊接参数选择的方法及立焊打底层焊接操作要点。教学过程中建议采用项目化教学，学生以小组的形式完成任务，培养学生自主学习、与人合作、与人交流的能力。

12mm 低碳钢板 V 形坡口立对接打底层焊接——微课

复习思考题

一、选择题

1. 焊接结构的角变形最容易发生在（ ）的焊接上。

A. V 形坡口 B. I 形坡口 C. U 形坡口 D. X 形坡口

2. 外观检验一般以肉眼为主，有时也可利用（ ）的放大镜进行观察。

A. 3~5 倍 B. 5~10 倍 C. 8~15 倍 D.10~20 倍

3. 外观检验不能发现的焊缝缺陷是（ ）。

A. 咬肉 B. 焊瘤 C. 弧坑裂纹 D. 内部夹渣

4. 磁粉检测用直流电脉冲来磁化工件，可探测的深度为（ ）mm。

A. 3~4 B. 4~5 C. 5~6 D. 6~7

5. 外观检验能发现的焊接缺陷是（ ）。

A. 内部夹渣 B. 内部气孔 C. 咬边 D. 未熔合

6. 焊接电流太小，层间清渣不净易引起的缺陷是（ ）。

A. 未熔合 B. 气孔 C. 夹渣 D. 裂纹

7. 产生焊缝尺寸不符合要求的主要原因是工件坡口加工不当或装配间隙不均匀及（　）选择不当。

A. 焊接参数　　B. 焊接方法

C. 焊接电弧　　D. 焊接热输入

二、判断题

1. CO_2 焊因金属飞溅引起火灾的危险性比其他焊接方法大。（　）

2. CO_2 焊结束后，必须切断电源和气源，并检查现场，确无火种方能离开。（　）

3. 熔合比只在熔敷金属化学成分与母材不相同时才对焊缝金属的化学成分有影响。（　）

4. 中厚板单道焊热输入大，焊缝和热影响区晶粒粗大，塑性和韧性较低。（　）

5. 焊接变形和焊接应力都是由于焊接时局部的不均匀加热引起的。（　）

6. 当工件拘束度较小时，冷却时能够比较自由地收缩，则焊接变形较大，而焊接残余应力较小。（　）

7. 坡口角度越大，则角变形越小。（　）

8. Y 形坡口比 U 形坡口角变形大。（　）

9. 焊接热输入越大，焊接变形越小。（　）

《熔化极气体保护焊》任务完成情况考核评分表

班级:　　姓名:　　学号:　　组别:

任务编号及名称: 任务一　12mm低碳钢板V形坡口立对接打底层焊接　　评价时间:

序号	考核项目	考核具体内容	评分标准(组员/组长)						
			权重	优秀90分	良好80分	中等70分	及格60分	不及格50分	考核项目成绩合计
1	社会能力（15%）	团队协作能力、人际交往和善于沟通能力	5%						
		自我学习能力和语言运用能力	5%						
		安全、环保和节约意识	5%						
2	方法能力（15%）	信息收集和信息筛选能力	5%						
		制订工作计划能力、独立决策和实施能力	5%						
		自我评价和接受他人评价的能力	5%						
3	专业能力（70%）	项目(或任务)报告的质量	10%						
		焊件坡口准备、装配、定位焊	10%						

（续）

序号	考核项目	考核具体内容	评分标准(组员/组长)						
			权重	优秀90分	良好80分	中等70分	及格60分	不及格50分	考核项目成绩合计
3	专业能力（70%）	焊缝背面余高、余高差	10%						
		焊缝背面直线度	10%						
		焊缝背面宽度,焊缝宽度差	10%						
		焊缝表面无咬边、焊瘤、气孔和夹渣等	10%						
		现场6S管理	10%						
4	本任务合计得分								

任务二　12mm 低碳钢板 V 形坡口立对接填充层焊接

任务解析

本次教学任务的目标是能够正确选用焊接材料；能够正确选择和调节焊接参数；能够掌握填充层焊接操作要点；能够独立进行 V 形坡口立对接填充层焊接；能够进行焊接质量检测。

任务实施

一、工作准备

1. 工件

已经完成打底层焊接的钢板共两组。

2. 焊接设备和工具

NB−400 型半自动 CO_2 焊机、送丝装置、CO_2 气瓶和钢丝刷。

3. 焊接材料（表 3−3）

表 3−3　立焊填充层焊接材料

名称	牌号	规格尺寸/mm	要求
焊丝	H08Mn2SiA	ϕ 1.2	表面干净,无折丝现象
CO_2气体	—	—	纯度99.5%(体积分数)

二、工作程序

1）对打底层焊缝仔细清渣，应特别注意死角处的焊渣清理。将工件定位好后摆放在高度合适的位置，注意工件的焊接位置要在整个焊接过程中都能清楚地看到，采用向上立焊法进行焊接。将打底层焊缝表面的飞溅清除干净，若焊缝表面有凹凸不平，可用角磨机进行打磨至平整。

2）开启焊接电源，检查气体流量和焊丝伸出长度，按表 3-4 调节焊接参数。

3）填充层焊接。调节好焊接参数后，在工件的下端引弧，填充层由下向上焊接，焊枪横向摆幅比打底焊时稍大，电弧在坡口两侧稍作停留，保证两侧熔合良好；焊枪可以采用锯齿形、月牙形和三角形等摆动方式，如图 3-3 所示。填充层共两层，焊接操作方法相同，最后一层填充层比工件上表面低 2mm 左右，不允许熔化坡口的棱边。

表 3-4　立焊的填充层焊接参数调节

焊接层数	焊丝直径/mm	焊丝伸出长度/mm	焊接电流/A	电弧电压/V	气体流量/(L/min)
1	ϕ1.2	20~25	120~140	19~23	15
2	ϕ1.2	20~25	130~150	20~24	15

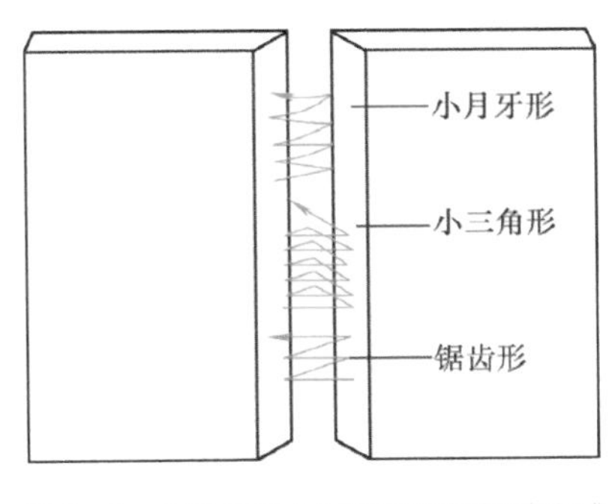

图 3-3　立对接填充层焊接焊枪摆动方式

4）焊后清理及检测。将焊缝表面的飞溅清除干净，用钢丝刷刷净。按照考核评分表的要求进行焊缝表面质量检测。

任务总结

本次任务是学生在掌握熔化极气体保护焊立焊位置打底层单面焊双面成形之后开展的，旨在培养学生熔化极气体保护焊立焊位置填充层的焊接操作能力，其中的学习难点为熔化极气体保护焊焊接参数的调节及填充层焊接操作要点，教学中应明确焊接参数选择的方法及填充层焊接质量控制要点。教学过程中建议采用项目化教学，学生以小组的形式完成任务，培养学生自主学习、与人合作、与人交流的能力。

12mm 低碳钢板 V 形坡口立对接填充层焊接——微课

复习思考题

一、选择题

1. 造成咬边的主要原因是由于焊接时选用了（　）焊接电流，电弧过长及角度不当。

A. 小的　　B. 大的　　C. 相等　　D. 不同

2. 焊接过程中，熔化金属自坡口背面流出，形成穿孔的缺陷称为（　）。

A. 烧穿　　B. 焊瘤　　C. 咬边　　D. 凹坑

3. 造成凹坑的主要原因是（　），在收弧时未填满弧坑。

A. 电弧过长及角度不当　　B. 电弧过短及角度不当

C. 电弧过短及角度太小　　D. 电弧过长及角度太大

4. 焊丝表面镀铜是为了防止焊缝中产生（　）。

A. 气孔　　B. 裂纹　　C. 夹渣　　D. 未熔合

5. 焊接时，接头根部未完全熔透的现象称为（　）。

A. 气孔　　B. 焊瘤　　C. 凹坑　　D. 未焊透

二、判断题

1. 二氧化碳气体保护焊和钨极氩弧焊产生的焊接变形比焊条电弧焊小。（　）
2. 单道焊产生的焊接变形比多层多道焊小。（　）
3. 采用合理的焊接方向和顺序是减小焊接变形的有效方法。（　）
4. 氢不但会产生气孔，也会促使形成延迟裂纹。（　）
5. 熔滴过渡的特点在很大程度上决定了焊接电弧的稳定性。（　）
6. 减少焊缝含氧量最有效的措施是加强对电弧区的保护。（　）

《熔化极气体保护焊》任务完成情况考核评分表

班级:　　　　姓名:　　　　学号:　　　　组别:

任务编号及名称: 任务二　12mm低碳钢板V形坡口立对接填充层焊接　　　　评价时间:

序号	考核项目	考核具体内容	评分标准(组员/组长)						
			权重	优秀 90分	良好 80分	中等 70分	及格 60分	不及格 50分	考核项目成绩合计
1	社会能力（15%）	团队协作能力、人际交往和善于沟通能力	5%						
		自我学习能力和语言运用能力	5%						
		安全、环保和节约意识	5%						

（续）

序号	考核项目	考核具体内容	评分标准(组员/组长)						
			权重	优秀 90分	良好 80分	中等 70分	及格 60分	不及格 50分	考核项目成绩合计
2	方法能力（15%）	信息收集和信息筛选能力	5%						
		制订工作计划能力、独立决策和实施能力	5%						
		自我评价和接受他人评价的能力	5%						
3	专业能力（70%）	项目(或任务)报告的质量	10%						
		层间清理	10%						
		焊接参数调节	10%						
		填充层焊缝高度	10%						
		填充层焊缝平整度	10%						
		焊缝表面无咬边、气孔和夹渣等	10%						
		现场6S管理	10%						
4	本任务合计得分								

任务三　12mm 低碳钢板 V 形坡口立对接盖面层焊接

任务解析

本次教学任务的目标是能够正确选用焊接材料；能够正确选择和调节焊接参数；能够掌握盖面层焊接操作要点；能够独立进行 V 形坡口立对接盖面层焊接；能够进行焊接质量检测。

必备知识

一、焊接检验简介

焊接检验是保证焊接产品质量的重要措施。在焊接结构生产的过程中，每道工序都需进行质量检验，以及时消除该工序可能产生的焊接缺陷。这样做比产品加工完成后再消除缺陷更加节约时间、材料和劳动力，既降低了成本，又保证了焊接产品的质量。所以，焊接检验是焊接结构制造过程中自始至终不可缺少的重要工序。

焊接检验包括焊前检验、焊接过程中检验和成品检验。完整的焊接检验能保证不合格的原料不投产，不合格的零件不组装，不合格的组装不焊接，不合格的焊缝必返工，不合格的产品不出厂，层层把住质量关。

1. 焊前检验

焊前检验是焊接检验的第一个阶段，包括检验焊接产品图样和焊接工艺规程等技术文件是否齐全；检验焊接基体金属、焊丝或焊条牌号和材质是否符合设计或规定的要求；检验其他焊接材料，如埋弧焊焊剂的牌号、气体保护焊保护气体的纯度和配比等是否符合工艺规程的要求；检验坡口的加工质量和焊接接头的装配质量是否符合图样要求；检验焊接设备及其他辅助工具是否完好，接线和管道连接是否符合要求；检验焊接材料是否按工艺要求去锈、烘干和预热等。焊前检验还是对焊工操作水平的鉴定。焊接接头的质量很大程度上取决于焊工的技术水平，因此，焊工在进行重要的或有特殊技术要求的产品焊接前，应进行必要的考核。焊工考核分为理论和实际操作两部分，经鉴定合格后才能上岗操作。焊前检验的目的是预先防止和减少焊接时产生缺陷的可能性。

2. 焊接过程中检验

焊接过程中检验是焊接检验的第二个阶段，主要是依靠焊工在整个操作过程中完成。它包括检验在焊接过程中设备的运行是否正常、焊接参数是否正确；焊接夹具在焊接过程中夹紧是否牢固；在进行埋弧焊时焊剂的衬垫效果，以及电渣焊冷却成形滑块在移动时是否出现漏渣；在操作过程中可能出现的未焊透、夹渣、气孔和烧穿等焊接缺陷等。焊接过程中检验的目的，是为了防止由于操作原因或其他特殊因素的影响而产生焊接缺陷，且便于及时发现缺陷并加以去除。认真进行焊接过程中检验，可为成品检验时确定发现缺陷的性质提供一定的依据。

3. 成品检验

成品（包括焊接零部件）检验是焊接检验的最后阶段。焊接结构在生产过程中，虽然经过焊前检验和焊接过程中检验，但由于影响焊接质量的因素很多，如焊接过程外界因素的变化或焊接参数的不稳定等，都可能导致焊接缺陷的产生。为了保证焊接质量，对成品必须进行质量检验。

焊接检验可分为非破坏性检验和破坏性检验两大类。每大类具体的检验方法有很多，应根据产品的使用要求和图样的技术条件进行选用。

二、焊接非破坏性检验

焊接非破坏性检验是指在不损坏被检查材料或成品的性能、完整性的条件下，进行缺陷检测的方法。它包括外观检验、致密性检验和无损检测。

1. 外观检验

焊接接头的外观检验是一种简便而又应用广泛的检验方法，是产品检验的一个重要内容。这种方法也适用于焊接过程中的检验，如厚壁工件多层焊时，每焊完一条焊道时便用这种方法进行检查，以防止前道焊缝的缺陷被带到下一道焊缝中去。

焊接接头的外观检验以肉眼观察为主，一般可借助标准样板、量规，必要时可利用放大镜进行观察。外观检验的主要目的是为了发现焊接接头的表面缺陷，如焊缝的外气孔、咬边、焊瘤、烧穿、焊接裂纹和焊缝尺寸偏差等。检验前，必须将焊缝附近10~20mm区域内的飞溅和污物清除干净。

外观检验应特别注意焊缝有无偏离，表面有无裂纹和气孔等缺陷。

2. 致密性检验

致密性检验是用来检验盛器、管道、密闭容器上焊缝或焊接接头是否存在不致密缺陷的方法。如焊缝中有贯穿性的裂纹、气孔、夹渣、未焊透及疏松组织等，会导致上述焊接结构不致密，致密性检验就能及时发现这类缺陷并以此可对缺陷进行修复。常用的致密性检验方法有气密性试验、氨气试验、煤油试验、水压试验和气压试验等。

（1）气密性试验　在密闭容器中，通入远低于容器工作压力的压缩空气，在焊缝外侧涂上肥皂水，如果焊接接头有贯穿性缺陷，由于容器内外气压差，肥皂水就有气泡出现。

（2）氨气试验　在被试容器中通入含体积分数为1%（在常压下）氨气的混合气体，并在容器的外壁焊缝表面贴上一条比焊缝略宽，用5%（质量分数）硝酸汞水溶液浸过的纸带。当将混合气体加压至所需的压力值时，若焊缝或热影响区有不致密的地方，氨气就会透过这些地方，并作用在浸过硝酸汞水溶液的纸带的相应部位上，致该处呈现出黑色斑纹。根据这些斑纹便可确定焊接接头的缺陷部位。这种方法比较准确、迅速，同时可在低温下检查焊缝的致密性。

（3）煤油试验　在焊缝表面（包括热影响区）涂上石灰水溶液，待干燥后便呈现为白色带状，再在焊缝的另一面仔细涂上煤油。由于煤油的黏度和表面张力很小，渗透性很强，具有透过极小的贯穿性缺陷的能力，当焊缝及热影响区存在贯穿性缺陷时，煤油能渗过去，使涂有石灰的一面显示出明显的油斑或带条状油迹。

煤油试验的持续时间与工件板厚、缺陷的大小及煤油量有关，一般为15~20min。

（4）水压试验　水压试验用于对焊接容器进行整体致密性和强度检验，一般是超载检验。试验用的水温，对于碳钢不低于5℃，对于其他合金钢不低于15℃。水压试验时，试验用水必须满足上述温度要求。

试验时，将容器灌满水，彻底排尽空气，并用水压机向容器内加压。试验压力一般为产品工作压力的1.25~1.5倍。在升压过程中，应按照规定逐级上升，中间应进行短暂停压。当水压达到试验压力最高值后，应持续停压一定时间，随后再将压力缓慢降到产品的工作压力，并沿着焊缝边缘15~20mm的地方，用圆头小锤轻轻敲击，同时对焊缝仔细检查。当发现有水珠、细水流或有潮湿现象时，表明该处焊缝不致密，应标注出来，待容器卸压后做返修处理。

（5）气压试验　气压试验和水压试验一样，用于检验在压力下工作的焊接容器和管道的焊缝致密性。气压试验是比水压试验更为灵敏和迅速的试验，同时试验后的产品不需做排水处理。但是，气压试验比水压试验的危险性大。试验时，先将气压加至产品技术条件的规定值，然后关闭进气阀，停止加压，将肥皂水涂在焊缝上，检查焊缝是否漏气，并检查工作压力表数值是否下降。如没有发现漏气或压力值下降，则该产品合格；否则应找出缺陷部位，待卸压后进行返修、补焊。

3. 无损检测

无损检测是非破坏性检验的一种特殊方式。它利用渗透检测（PT）（荧光渗透检测、着色渗透检测）、磁粉检测（MT）、超声检测（UT）和射线检测（PT）等方法，来发现焊缝表面的细微缺陷及存在于焊缝内部的缺陷。这类检验方法已在重要的焊接结构中被广泛使用。

（1）荧光渗透检测　荧光渗透检测是用于检测焊缝表面缺陷的一种方法，检测的对象是不锈钢、铜、铝及镁合金等非磁性材料。荧光渗透检测也可用来检验焊缝的致密性。它是利用浸透矿物油的氧化镁粉末在紫外线的照射下能激发黄绿色荧光的特性而进行检验的。

检验时，先将被检验的工件预先浸在煤油和矿物油的混合液中数分钟，由于矿物油具有很好的渗透能力，能渗进极细微的裂纹，当工件取出、待表面干燥后，缺陷中仍留有矿物油。此时撒上氧化镁粉末，并将焊缝表面的氧化镁粉末清除干净，在暗室内，用水银石英灯发出的紫外线照射，这时残留在表面缺陷内的氧化镁粉末就会发光，显示缺陷的状况。

（2）着色渗透检测　着色渗透检测的原理与荧光渗透检测相似，不同之处是着色渗透检测是用着色剂取代氧化镁粉末来显现缺陷的。检验时，将擦干净的工件浸没在着色剂中，随后将工件表面擦净并涂以显现粉，这时浸入裂纹的着色剂遇到显现粉，便会显现出缺陷的位置和形状。

（3）磁粉检测　磁粉检测是用来探测焊缝表面细微裂纹的一种检验方法。它是利用在强磁场中，铁磁性材料表层缺陷产生的磁场吸附磁粉的现象来进行检验的一种方法。

（4）超声检测　超声检测可探测大厚度工件内部缺陷，是利用超声波（频率超过 20000Hz，人耳听不到的高频率声波）在金属内部直线传播，当遇上两种介质的界面时会发生反射和折射的原理，来检验焊缝中的缺陷。超声检测的灵敏度高，操作灵活方便，但对缺陷性质的辨别能力差，且没有直观性。检测时要求工件表面平滑光洁，并需涂上一层牛油作为介质。如果焊缝表面不平，则不能用直探头探测内部缺陷，故一般采用斜探头探测方法，在焊缝两侧磨光面上进行检测。

（5）射线检测　射线检测是检测焊缝内部缺陷准确而又可靠的方法之一。它可以显示出缺陷在焊缝内部的形状、位置和大小。

1）射线检测的原理是利用 X 射线和 γ 射线及其他高能射线能不同程度地透过不透明物体和使照相胶片感光的性能，来检测焊缝内部缺陷。另外，由于射线通过不同物质时能不同程度地被吸收掉，如金属密度越大，厚度越大，射线被吸收的就越多，因此，当射线被用来检测焊缝时，在缺陷处和无缺陷处被吸收的程度不同，使得射线透过接头后，射线强度的衰减有明显的差异。这样，当射线作用在胶片上时，使胶片上相应部位的感光程度也不一样。由于缺陷吸收的射线小于金属材料所吸收的射线，所以通过缺陷处的射线使胶片感光较强，冲洗后的胶片，在缺陷处的颜色较深，无缺陷处的颜色较浅。通过对胶片上影像的观察、分析，便能发现焊缝内有无缺陷及缺陷的种类、大小与分布情况。

2）用 X 射线和 γ 射线对焊缝进行检测，一般只应用在重要的结构上。这种检验由专业人员进行，但作为焊工，应具备一定的评定焊缝透视胶片的知识，能够正确判断缺陷的种类和部位，这对做好返修工作是有利的。

经射线照射后，在胶片上一条淡色影像即是焊缝，在焊缝中显示的深色条纹或斑点就是焊接缺陷，其尺寸、形状与焊缝内部实际存在的缺陷相当。

未焊透在胶片上是一条断续或连续的黑色直线；裂纹在胶片上一般呈略带曲折的黑色细条纹，

有时也呈现直线条纹，轮廓较分明，两端较为尖细，中部稍宽；气孔在胶片上多呈现为圆形或椭圆形黑点，其黑度一般为中心部位较大，分布不一致，有密集的，也有单个的；夹渣在胶片上呈现为不同形状的点或条状。

通过射线检测评定焊缝的质量，可按国家标准 GB/T 3323-2005 的规定进行。按此标准，焊缝质量分为四级：一级焊缝内不应有裂纹、未熔合、未焊透和条形缺陷；二级焊缝内不应有裂纹、未熔合和未焊透；三级焊缝内不应有裂纹、未熔合及双面焊和加垫板的单面焊中的未焊透。焊缝缺陷超过三级者为四级。在国家标准中，对各级焊缝允许存在的气孔（包括点状夹渣），按工件板厚规定了点数及直径；对允许存在的条形缺陷的二、三、四级焊缝，规定了单个条形缺陷的长度。产品应达到的射线检测等级根据产品设计要求而定。

任务实施

一、工作准备

1. 工件

已经完成填充层焊接的钢板共两组。

2. 焊接设备和工具

NB-400 型半自动 CO_2 焊机、送丝装置、CO_2 气瓶和钢丝刷等。

3. 焊接材料（表 3-5）

表 3-5　立焊盖面层焊接材料

名称	牌号	规格尺寸/mm	要求
焊丝	H08Mn2SiA	ϕ1.2	表面干净,无折丝现象
CO_2气体	—	—	纯度99.5%(体积分数)

二、工作程序

1）对填充层焊缝仔细清渣，应特别注意死角处的焊渣清理。将工件定位好后摆放在高度合适的位置，注意工件的焊接位置要在整个焊接过程中都能清楚地看到，采用向上立焊法进行焊接。将填充层焊缝表面的飞溅清除干净，若焊缝表面有凹凸不平，可用角磨机进行打磨至平整。

2）开启焊接电源，检查气体流量和焊丝伸出长度，按表 3-6 调节焊接参数。

3）盖面层焊接。调节好焊接参数后，在工件下端引弧，由下向上焊接，摆幅较填充层焊接时大（图 3-4），当熔池两侧超过坡口边缘 0.5~1.5mm 时，匀速锯齿形上升，焊到顶端收弧。等电弧熄灭，熔池凝固后，才能移动焊枪，以免局部产生气孔。

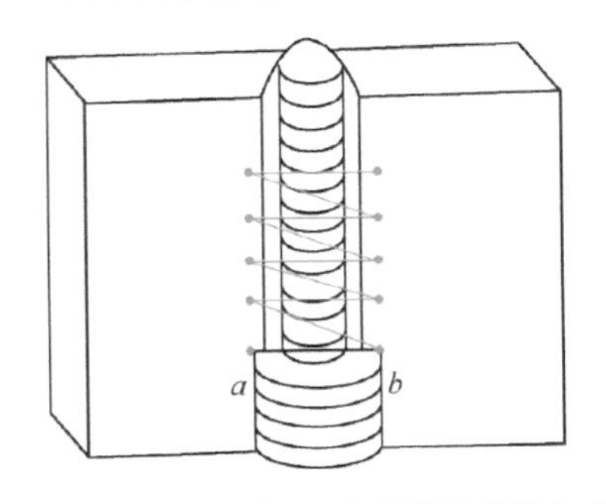

图 3-4　立对接盖面层焊接焊枪摆动方式

4）焊后清理及检测。将焊缝表面的飞溅清除干净，用钢丝刷刷净。按照考核评分表的要求进行焊缝表面质量检测。

表 3-6　立焊的盖面层焊接参数调节

焊接层数	焊丝直径/mm	焊丝伸出长度/mm	焊接电流/A	电弧电压/V	气体流量/(L/min)
1	ϕ1.2	20~25	120~140	20~24	15

任务总结

本次任务是学生在掌握熔化极气体保护焊立焊位置填充层焊接成形之后开展的，旨在培养学生熔化极气体保护焊立焊位置盖面层的焊接操作能力，其中的学习难点为熔化极气体保护焊焊接参数的调节及盖面层焊接操作要点，教学中应明确焊接参数选择的方法及盖面层焊接质量控制要点。教学过程中建议采用项目化教学，学生以小组的形式完成任务，培养学生自主学习、与人合作、与人交流的能力。

12mm 低碳钢板 V 形坡口立对接盖面层焊接——微课

复习思考题

一、选择题

1. 焊接电流太小，易引起（　）缺陷。

A. 咬边　　B. 烧穿

C. 夹渣　　D. 焊瘤

2. 严格控制熔池温度（　）是防止产生焊瘤的关键。

A. 不能太高　　B. 不能太低

C. 可能高些　　D. 可能低些

3. 焊接时常见的内部缺陷是（　）。

A. 弧坑、夹渣、夹钨、裂纹、未熔合和未焊透

B. 气孔、咬边、夹钨、裂纹、未熔合和未焊透

C. 气孔、夹渣、焊瘤、裂纹、未熔合和未焊透

D. 气孔、夹渣、夹钨、裂纹、未熔合和未焊透

二、判断题

1. 二氧化碳气体保护焊过程中气体流量过小时，焊缝易产生裂纹缺陷。（　）

2.NBC-250 型焊机属于埋弧焊焊机。（　）

3. 二氧化碳气体保护焊焊接较长的直线焊缝和有规则的曲线焊缝时，一般采用自动焊。（　）

4. NBC-250 型焊机属于半自动焊机。（　）

5. 目前我国生产的氩气纯度可达 99.9%。（　）

6. 熔化极氩弧焊的熔滴过渡主要采用喷射过渡和短路过渡。（　）

《熔化极气体保护焊》任务完成情况考核评分表

班级:　　　　姓名:　　　　学号:　　　　组别:

任务编号及名称: 任务三　12mm低碳钢板V形坡口立对接盖面层焊接　　　　评价时间:

序号	考核项目	考核具体内容	评分标准(组员/组长)						考核项目成绩合计
			权重	优秀90分	良好80分	中等70分	及格60分	不及格50分	
1	社会能力(15%)	团队协作能力、人际交往和善于沟通能力	5%						
		自我学习能力和语言运用能力	5%						
		安全、环保和节约意识	5%						
2	方法能力(15%)	信息收集和信息筛选能力	5%						
		制订工作计划能力、独立决策和实施能力	5%						
		自我评价和接受他人评价的能力	5%						
3	专业能力(70%)	项目(或任务)报告的质量	10%						
		层间清理、焊接参数调节	10%						
		焊缝直线度	10%						
		焊缝余高,余高差	10%						
		焊缝宽度,焊缝宽度差	10%						
		焊缝表面无咬边、焊瘤、气孔和夹渣等	10%						
		现场6S管理	10%						
4	本任务合计得分								

任务四　12mm 低碳钢板 V 形坡口立对接焊接

任务解析

本次教学任务是学生在完成 12mm 低碳钢板 V 形坡口立对接打底层焊接、填充层焊接和盖面层焊接后进行的综合性焊接操作。学生通过前面任务的学习已经具备了较高的焊接操作水平。本次任务旨在巩固学生的焊接技能水平，并通过焊接工艺卡的编制和学习促进学生焊接技术水平的提升，使学生能够从技能拓展到技术层面。通过本次任务的学习，学生能够正确选用合适的焊接参数；能够进行V形坡口立对接焊接操作；能够进行焊接质量检测。

必备知识

12mm 低合金钢板V形坡口立对接焊接工艺卡见表3-7。

表3-7　12mm 低合金钢板V形坡口立对接焊接工艺卡

焊接方法	GMAW(熔化极气体保护焊) 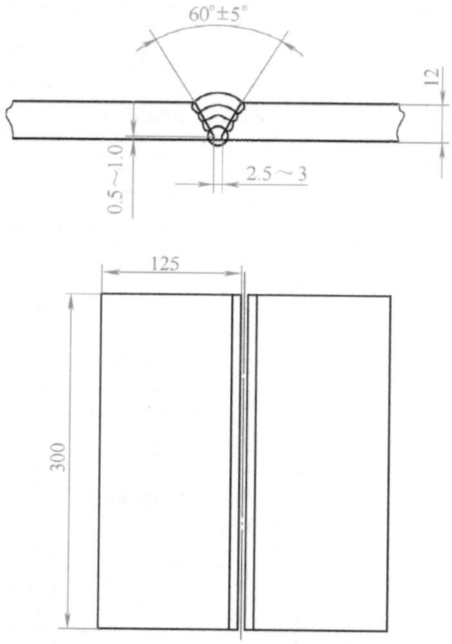
工件材质、规格	Q345R,300mm×125mm×12mm
焊材牌号、规格	ER49-1,ϕ1.2mm
保护气体及流量	CO_2气体,15L/min
焊接接头	板—板对接、接头开坡口
焊接位置	立焊(3G)
其他	—

预热		焊后热处理	
预热温度	—	温度范围	—
层间温度	≤250℃	保温时间	—
预热方式	—	其他	—

焊接参数

焊层(道)	焊接方法	焊材		焊接电流		电弧电压范围/V	焊接速度/(mm/min)
		牌号	直径/mm	极性	范围/A		
1	GMAW	ER49-1	ϕ1.2	直流反接	90~110	19~21	70~90
2	GMAW	ER49-1	ϕ1.2	直流反接	120~140	20~24	60~80
3	GMAW	ER49-1	ϕ1.2	直流反接	120~140	20~24	60~80
4	GMAW	ER49-1	ϕ1.2	直流反接	110~130	20~23	60~80

（续）

施焊操作要领及注意事项
1）　焊前准备。清理坡口及其正反面20mm范围内油污、铁锈至露出金属光泽，修正钝边0.5~1.0mm，调节焊丝伸出长度和气体流量 2）装配。装配间隙为2.5~3.0mm，错边量＜0.5mm，定位焊缝长度＜10mm，焊点在引弧端和收弧端，反变形角为3°~5° 3）打底层焊接。采用连弧焊方法，焊枪与工件呈70°~90°夹角，锯齿形摆动，灵活控制焊丝伸出长度，使电弧熔化钝边形成熔孔，达到单面焊双面成形 4）填充层焊接。焊枪朝上，下侧与工件呈70°~80°夹角，采用连弧焊方法，锯齿形等摆动方式，在坡口两侧停留，灵活控制焊丝伸出长度，严格控制熔池流动，控制焊缝低于母材表面2mm左右，匀速向上施焊 5）盖面层焊接。施焊时用同样的摆动方式熔化坡口边缘线，注意两侧的停留应保持一致，以便得到平直的焊缝

任务实施

一、工作准备

1. 工件

Q235B钢板，规格尺寸为300mm×125mm×12mm，坡口面角度为30°±5°。

2. 焊接设备和工具

NB−400型半自动CO_2焊机、送丝装置、CO_2气瓶和钢丝刷等。

3. 焊接材料（表3-8）

表3–8　立焊焊接材料

名称	牌号	规格尺寸/mm	要求
焊丝	H08Mn2SiA	ϕ1.2	表面干净,无折丝现象
CO_2气体	—	—	纯度99.5%(体积分数)

二、工作程序

1）工件装配。调整装配间隙、钝边并进行工件的装配。

2）调节焊接参数。按照工艺要求调节焊接参数。

3）焊接。将工件定位好后摆放在高度合适的位置，焊缝竖直放置，注意工件的焊接位置要在整个焊接过程中都能清楚地看到，分别进行打底层焊接、填充层焊接和盖面层焊接。

4）按照考核评分表进行焊缝表面质量检测。

任务总结

本次任务是学生在学习完12mm低碳钢板V形坡口立对接打底层、填充层和盖面层焊接成形之后开展的，旨在培养学生使用熔化极气体保护焊进行12mm低碳钢板V形坡口立对接焊接操作能力，其中的学习难点为焊接过程中各层焊接操作要点，教学中应明确焊接参数选择的方法及焊接质量控制要点。教学过程中建议采用项目化教学，学生以小组的形式完成任务，培养学生自主学习、与人合作、与人交流的能力。

12mm低碳钢板V形坡口立对接焊接——微课

项目总结

本项目学习过程中以12mm低碳钢板V形坡口立对接焊接为载体，分析熔化极气体保护焊焊接操作人员工作岗位所需的知识、能力、素质要求，凝练岗位典型任务。教学过程中旨在培养学生使用熔化极气体保护焊进行12mm低碳钢板V形坡口立对接焊接打底层、填充层和盖面层焊接操作能力，其中每一层的焊接操作要点及焊接质量控制是教学重点和难点。教学过程中建议采用项目化教学，学生以小组的形式完成任务，培养学生自主学习、与人合作、与人交流的能力。

复习思考题

一、选择题

1. 预防和减少焊接缺陷的可能性的检验是（　）。

A. 焊前检验　　B. 焊后检验　　C. 设备检验　　D. 材料检验

2. 焊接场地应保持必要的通道，且车辆通道宽度不小于（　）。

A. 1m　　B. 2m　　C. 3m　　D. 5m

3. 焊接场地应保持必要的通道，且人行通道宽度不小于（　）。

A. 1m　　B. 1.5m　　C. 3m　　D. 5m

4. 焊工应有足够的作业面积，一般不应小于（　）。

A. $2m^2$　　B. $4m^2$　　C. $6m^2$　　D. $8m^2$

二、判断题

1. 热输入是一个综合焊接电流、电弧电压和焊接速度的工艺参数。（　）
2. 焊接速度越大，则热输入越大。（　）
3. 热输入相同时，采取焊前预热可降低焊后冷却速度，会增加高温停留时间，使晶粒粗化加剧。（　）
4. 熔池凝固时的低熔点杂质偏析是产生热裂纹的主要原因之一。（　）
5. 焊缝中的氮会降低焊缝的塑性和韧性，但可提高焊缝的强度。（　）
6. 空气中的氮气几乎是焊缝中氮的唯一来源。（　）
7. CO_2气瓶内盛装的是液态CO_2。（　）
8. 低碳钢焊接接头中性能最差的是熔合区和热影响区中的粗晶区。（　）
9. 焊接材料只影响焊缝金属化学成分和性能，而不影响焊接热影响区的性能。（　）
10. CO_2焊时，应先引弧再通气，才能使电弧稳定燃烧。（　）
11. 焊接用CO_2的纯度大于99.5%（体积分数）。（　）

三、简答题

1. 熔化极气体保护焊V形坡口立对接单面焊双面成形技术的要点是什么？
2. 焊缝外观质量检验的要点是什么？

四、名词解释

1. 熔滴过渡
2. 焊丝伸出长度

《熔化极气体保护焊》任务完成情况考核评分表

班级:　　　　姓名:　　　　学号:　　　　组别:

任务编号及名称: 任务四　12mm低碳钢板V形坡口立对接焊接　　　　评价时间:

序号	考核项目	考核具体内容	评分标准(组员/组长)						
			权重	优秀90分	良好80分	中等70分	及格60分	不及格50分	考核项目成绩合计
1	社会能力(15%)	团队协作能力、人际交往和善于沟通能力	5%						
		自我学习能力和语言运用能力	5%						
		安全、环保和节约意识	5%						
2	方法能力(15%)	信息收集和信息筛选能力	5%						
		制订工作计划能力、独立决策和实施能力	5%						
		自我评价和接受他人评价的能力	5%						
3	专业能力(70%)	项目(或任务)报告的质量	5%						
		焊缝直线度	10%						
		焊缝正面余高,余高差	10%						
		焊缝正面宽度,宽度差	10%						
		焊缝背面余高,余高差	10%						
		焊缝背面宽度,宽度差	10%						
		焊缝表面无咬边、焊瘤、气孔和夹渣等	10%						
		现场6S管理	5%						
4	本任务合计得分								

教学案例四　12mm 低碳钢管 V 形坡口立对接焊接

1. 焊前准备

在 12mm 低碳钢管立对接焊接过程中，工件开 V 形坡口，坡口面角度为 30°，焊前要先用砂轮机磨掉工件上的氧化皮，钝边为 0.5～1mm。工件装配时要严格控制钢管的同心度。定位时对接间隙为 2.5～3.2mm，保证工件装配后不存在错边。

2. 焊接要点

工件定位好后摆放在高度合适的位置，注意工件的焊接位置要在整个焊接过程中都能清楚地看到。焊接过程中采用多层多道焊的焊接方法，共三层。打底焊时，电流较小，应控制焊接速度，控制熔池和熔孔的大小；焊枪位置要时刻变化，保证与工件的角度。焊接时从工件底部即仰焊位置开始分别由两侧向上焊接，如图 3-5 所示。打底焊结束后，用砂轮机进行打磨，然后进行填充层的焊接。填充焊时，要注意焊枪的角度，尽量使填充层平整。盖面焊时，在保证焊缝成形的情况下，焊接速度应尽可能地快，还要注意焊缝中间高度的控制。

低碳钢管立对接焊接参数见表 3-9。

表 3-9　低碳钢管立对接焊接参数

材料	工件厚度/mm	焊丝直径/mm	位置	接头形式	焊接电流/A		电弧电压/V
低碳钢	12(管子)	ϕ1.2	立焊	V形坡口	打底	90~110	18~20
					填充	100~120	18~24
					盖面	90~110	18~22

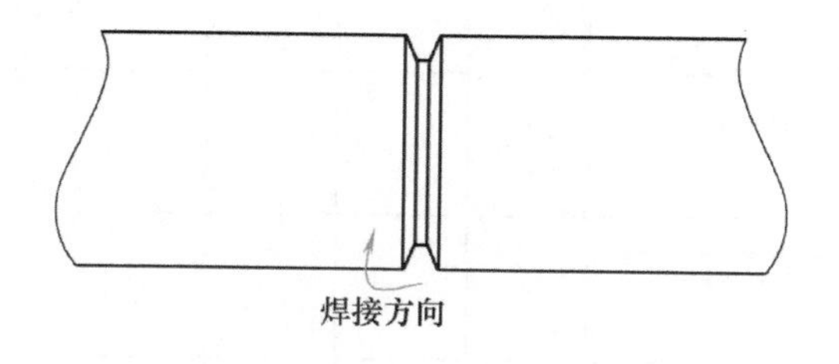

图 3-5　焊接起始位置和焊接方向

12mm 低合金钢管 V 形坡口立对接焊接工艺卡见表 3-10。

表3-10　12mm低合金钢管V形坡口立对接焊接工艺卡

焊接方法	GMAW(熔化极气体保护焊)
工件材质、规格	Q345R,ϕ114mm×12mm×150mm
焊材牌号、规格	ER49-1,ϕ1.2mm
保护气体及流量	CO_2气体,15L/min
焊接接头	管—管对接,接头开坡口
焊接位置	水平固定(5G)
其他	—

预　热		焊后热处理	
预热温度	—	温度范围	—
层间温度	≤250℃	保温时间	—
预热方式	—	其他	—

焊接参数

焊层(道)	焊接方法	焊材		焊接电流		电弧电压范围/V	焊接速度/(mm/min)
		牌号	直径/mm	极性	范围/A		
1	GMAW	ER49-1	ϕ1.2	直流反接	90~110	18~22	70~90
2	GMAW	ER49-1	ϕ1.2	直流反接	100~120	18~24	80~100
3	GMAW	ER49-1	ϕ1.2	直流反接	100~120	18~24	80~100

施焊操作要领及注意事项

1）焊前准备。清理管壁毛刺，清理坡口及正反面20mm范围内油污、铁锈至露出金属光泽，修正钝边0.5~1.0mm，调节焊丝伸出长度和气体流量

2）装配。装配间隙为2.5~3.2mm，错边量＜0.5mm，定位焊缝长度＜10mm，焊点牢固，焊点为两处或三处

3）打底层焊接。在过六点位置始焊至九点位置，调整焊枪角度及操作位置到十二点位置。焊接时，焊枪做小幅摆动，灵活控制焊丝伸出长度，调整焊枪角度，防止穿丝，接头时打磨弧坑。同样方法焊另一半

4）填充层焊接。错开打底层始焊处，采用锯齿形摆动方式，调整焊枪角度逐步向上施焊，同样的方法焊接管子另一半

5）盖面层焊接。与填充层焊接方法相同，注意坡口两侧棱边熔化，随时调整焊枪角度。焊后清理工件表面的飞溅及杂物，焊缝保持原始状态

教学案例五　10mm 低碳钢管 45° 位置焊接

1. 焊前准备

在 10mm 低碳钢管 45° 位置焊接过程中，工件开 V 形坡口，坡口面角度为 30°。焊前要先用砂轮机磨掉工件上的氧化皮，钝边为 0.5～1mm。工件装配时要严格控制钢管的同心度。定位时对接间隙为 2.5～3.2mm，保证工件装配后不存在错边。

2. 焊接要点

工件定位好后摆放在高度合适的位置，注意工件的焊接位置要在整个焊接过程中都能清楚地看到。焊接过程中采用多层多道焊的焊接方法，共三层。打底焊时，电流较小，应控制焊接速度，控制熔池和熔孔的大小；焊枪位置要时刻变化，保证与工件的角度。焊接时从工件底部即仰焊位置开始分别由两侧向上焊接，如图 3-6 所示。打底焊结束后，用砂轮机进行打磨，然后进行填充层的焊接。填充焊时，要注意焊枪的角度，尽量使填充层平整。盖面焊时，在保证焊缝成形的情况下，焊接速度应尽可能地快，还要注意焊缝中间高度的控制。由于焊接位置是与水平呈 45° 角，所以在焊枪摆到上坡口时焊接时间要长些。

低碳钢管 45° 位置焊接参数见表 3-11。

表 3-11　低碳钢管 45° 位置焊接参数

材料	工件尺寸/mm	焊丝直径/mm	位置	接头形式	焊接电流/A		电弧电压/V
低碳钢	管厚：10 管径：ϕ129	ϕ1.0	45°	V形坡口	打底	90~110	18~20
					填充	100~120	18~24
					盖面	90~110	18~22

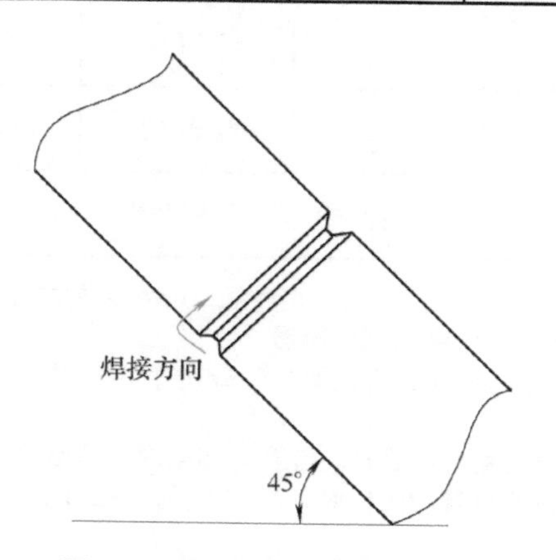

图 3-6　焊接起始位置和焊接方向

12mm 低合金钢管 45° 位置焊接工艺卡见表 3-12。

表 3-12　12mm 低合金钢管 45° 位置焊接工艺卡

焊接方法	GMAW(熔化极气体保护焊)	
工件材质、规格	Q345R,ϕ114mm×12mm×100mm	
焊材牌号、规格	ER49-1,ϕ1.2mm	
保护气体及流量	CO_2气体,15L/min	
焊接接头	管—管对接,接头开坡口	
焊接位置	45°固定(6G)	
其他	—	

预　热		焊后热处理	
预热温度	—	温度范围	—
层间温度	≤250℃	保温时间	—
预热方式	—	其他	—

焊接参数

焊层(道)	焊接方法	焊材		焊接电流		电弧电压范围/V	焊接速度/(mm/min)
		牌号	直径/mm	极性	范围/A		
1	GMAW	ER49-1	ϕ1.2	直流反接	90~110	18~22	70~90
2	GMAW	ER49-1	ϕ1.2	直流反接	100~120	18~24	80~100
3	GMAW	ER49-1	ϕ1.2	直流反接	100~120	18~24	80~100

施焊操作要领及注意事项

1）焊前准备。清理管壁毛刺，清理坡口及正反面20mm范围内油污、铁锈至露出金属光泽，修正钝边0.5~1.0mm，调节焊丝伸出长度和气体流量

2）装配。装配间隙为2.5~3.2mm，错边量＜0.5mm，定位焊缝长度＜10mm，焊点牢固，焊点为两处或三处

3）打底层焊接。在过六点位置始焊至九点位置，调整焊枪角度及操作位置到十二点位置。焊接时，焊枪做小幅摆动，灵活控制焊丝伸出长度，调整焊枪角度，防止穿丝，接头时打磨弧坑，同样方法焊另一半

4）填充层焊接。错开打底层始焊处，采用锯齿形摆动方式，调整焊枪角度逐步向上施焊，同样的方法焊接管子另一半

5）盖面层焊接。与填充层焊接方法相同，注意坡口两侧棱边熔化，随时调整焊枪角度，焊后清理工件表面的飞溅及杂物，焊缝保持原始状态

项目四 低碳钢板V形坡口仰对接焊接

项目导入

本项目是学生在完成前面三个项目之后进行技能水平提升的教学项目。由于仰焊位置的焊接操作难度比平焊、立焊和横焊位置有所增加，因此本项目的学习内容旨在提高学生熔化极气体保护焊焊接操作技能。本项目是按照《焊工国家职业技能标准》（2009版）的要求设定的，涵盖了12mm低碳钢板V形坡口仰对接打底层、填充层和盖面层焊接，以及焊接质量检测等。任务的设置是依据学生的认知规律，按照由易到难、由浅入深、循序渐进的层次来安排的。教学过程中建议采用项目化教学，学生以小组的形式完成任务，培养学生自主学习、与人合作、与人交流的能力。

学习目标

1. 能够正确选用焊接材料。
2. 能够正确调节焊接参数。
3. 能够进行V形坡口仰对接打底层单面焊双面成形焊接操作。
4. 能够进行焊接质量检测。
5. 能够了解低碳钢板V形坡口仰对接焊接的特点。
6. 能够掌握V形坡口仰对接打底层单面焊双面成形技术。

必备知识

一、MAG 焊不锈钢的焊接特点

MAG 焊不锈钢一般采用直流电源和反极性连接。保护气体不采用纯氩，因为这将引起电弧不稳和焊缝成形不好。通常选用弱氧化性气体保护，如 Ar+(1%~5%, 体积分数)O_2 或 Ar+(5%~10%, 体积分数) CO_2。焊接厚板时，还可以采用 Ar+（30%~50%，体积分数）He 惰性气体混合物。

采用弱氧化性混合气体作为保护气体有如下特点。

1）加入少量氧化性气体，能够降低液体金属表面张力，从而能降低射流过渡临界电流，提高熔滴过渡稳定性。

2）稳定阴极斑点。由于在熔池上不断生成新的阴极斑点，所以电弧不飘摆，主要落在熔池上，提高了电弧的稳定性。

3）由于电弧稳定和提高了熔池金属的流动性，从而改善了焊缝成形，表面美观。

不锈钢实芯焊丝按 YB/T 5092—2016 规定，直径有 0.6mm、0.8mm、1.0mm、1.2mm、1.6mm、2.0mm、2.4mm 共七种，通常以盘状供应，每盘焊丝重为 2kg、5kg、6kg 和 8kg。焊丝成分与母材成分大致相同。不锈钢焊接用焊丝与母材的对应关系见表 4-1。

表 4-1　不锈钢焊接用焊丝与母材的对应关系

母材牌号		焊丝型号
新牌号	旧牌号	
12Cr18Ni9 06Cr19Ni10	1Cr18Ni9 0Cr18Ni9	H06Cr21Ni10
06Cr18Ni11Ti 07Cr19Ni11Ti	0Cr18Ni10Ti 1Cr18Ni11Ti	H06Cr20Ni10Nb
06Cr17Ni12Mo2	0Cr17Ni12Mo2	H06Cr19Ni12Mo2
06Cr17Ni12Mo2Ti	0Cr18Ni12Mo3Ti	H06Cr19Ni12Mo2Ti
06Cr19Ni13Mo3	0Cr19Ni13Mo3	H06Cr19Ni14Mo3
022Cr17Ni12Mo2	00Cr17Ni14Mo2	H022Cr19Ni12Mo2
022Cr19Ni13Mo3	00Cr19Ni13Mo3	H022Cr19Ni14Mo3
06Cr23Ni13	0Cr23Ni13	H10Cr24Ni13
06Cr25Ni20	0Cr25Ni20	H06Cr26Ni21

二、MIG 焊铝及其合金工艺特点

铝及其合金比较活泼，与氧的亲和力很大，极易与氧结合而生成 Al_2O_3，其熔点为 2050℃，大约为铝熔点的三倍。另外，在室温下铝表面形成一层牢固而致密的氧化膜。这层氧化膜是不利

于焊接的，妨碍接头的结合。为此必须排除氧的影响，首先，MIG焊的保护气体必须是惰性气体，可以采用纯氩或Ar+He混合气体，不得混入氧化性气体（O_2或CO_2）。其次，应采用直流反极性（DCRP），使工件为阴极，依靠阴极破碎作用将接头及其附近的金属氧化膜（Al_2O_3薄膜）去除，同时还能保证熔滴过渡稳定。再次，MIG焊铝时，电弧温度较高（尤其采用大电流时），电弧中充满金属蒸气，当金属蒸气失去气体保护时，与空气中的氧发生作用生成Al_2O_3等氧化物，在近缝区，甚至在焊缝表面上将形成黑粉。试验表明，采用脉冲MIG焊，可以大大减少黑粉。

熔滴和熔池在液态下极易吸潮而生成气孔，所以焊前应仔细清理焊丝与材料表面，同时应注意保护气体的纯度。

因铝及其合金导热快和热膨胀系数大，使得焊接变形大，易产生未熔合及未焊透。而MIG焊时，恰恰热量比较集中，因此比较适于焊铝。但是焊接大厚度工件时，为了减少变形，应采取预热措施，一般应在夹具中焊接。

1. 焊前准备

铝及其合金工件在焊前应对表面进行清理，目的是去除氧化膜和油污，以防止在焊缝中产生气孔和夹渣。

（1）油污的清理　对工件表面的油污，可以用汽油、四氯化碳、三氯乙烯和丙酮等擦拭，擦拭时宜采用清洁白布蘸上溶剂清理，注意不得用棉纱。

（2）氧化膜的清理　表面氧化膜利用上述溶剂清理是无效的，只能采用化学清洗和机械清理。化学清洗是使用碱和酸清洗工件表面。该法既可去除氧化膜，还可以除油污，具体工艺过程如下。

在70℃左右质量分数为6%～10%的氢氧化钠溶液中浸泡0.5min→水洗→在常温下体积分数为15%的硝酸中浸泡1min进行中和处理→水洗→温水洗→干燥。洗好后的表面为无光泽的银白色。

机械清理可以采用风动或电动铣刀，还可以采用刮刀、锉刀等工具。对于较薄的氧化膜也可采用不锈钢丝刷子或细钢丝刷子刷，直到露出金属光泽。

清理后最好立即施焊，如停放时间超过4h，应重新清理。焊丝清理更为重要。焊丝的供应状态应是清理干净和经光亮处理的盘丝焊丝，通常采用塑料袋密封包装。每当开封后应尽快用完。否则污染的焊丝难以再用。

2. MIG焊铝及其合金的焊接参数与熔滴过渡

MIG焊铝及其合金的焊接参数与熔滴过渡的选用依据是工件的厚度和空间位置等因素。MIG焊铝可以选用的熔滴过渡形式有短路过渡、交流脉冲MIG焊射流过渡、脉冲射流过渡、一般射流过渡和大电流射流过渡等。

短路过渡主要用于细丝（焊丝为ϕ0.6mm、ϕ0.8mm、ϕ1.0mm），因送丝困难，所以使用拉线枪施焊。将焊丝装入0.3～0.5kg的小型焊丝盘中，可以焊接0.8～1.2mm的薄铝板，能用于焊接对接与角接接头的平焊。对于全位置焊缝，因送丝难度较大，所以一般不采用短路过渡形式。

脉冲射流过渡通常是指直流脉冲射流过渡，一个脉冲过渡一个熔滴。这种方法适合射流过渡临界电流以下的小电流。最小电流达到50A（ϕ1.2mm）、70A（ϕ1.6mm）和100A（ϕ2.4mm）。

这时熔滴过渡十分稳定，基本无飞溅。在小电流条件下，它可以焊接薄板和空间焊缝。脉冲射流过渡参数见表 4–2。

表 4–2　脉冲射流过渡参数

母材与坡口	板厚/mm	焊接位置	焊丝规格/mm	焊接电流/A	电弧电压/V	焊接速度/(cm/min)	保护气体流量/(L/min)	平均电流/A
工业纯铝对接	3	平焊	纯铝ϕ1.6	120	21	60	20	50
	3	立焊	纯铝ϕ1.6	120	21	60	20	50
	3	仰焊	纯铝ϕ1.6	120	21	70	20	50
铝镁合金对接	3	平焊	铝镁ϕ1.6	120	20	60	20	60
	3	立焊	铝镁ϕ1.6	110	19	60	20	60
	3	仰焊	铝镁ϕ1.6	120	19	70	20	60
铝镁合金角接	3	平焊	铝镁ϕ1.6	130	21	60	20	60
	3	平焊	铝镁ϕ1.6	190	24	50	20	60
	6	立焊	铝镁ϕ1.6	190	24	50	20	60
	12	平焊	铝镁ϕ1.6	280	28	40	25	60
	12	立焊	铝镁ϕ1.6	240	24	40	25	60

一般射流过渡大都使用亚射流过渡焊接参数。电流较小时为大滴过渡，电流与熔滴过渡都不稳定。只有在焊接电流大于临界电流时，才能成为射流过渡。

大电流射流过渡 MIG 焊主要用于焊接厚铝板，由于使用大电流射流过渡易产生起皱缺陷，所以这时应该使用较大的焊丝直径（3.5~6.4mm）和双层气流保护。

双丝脉冲射流过渡是一种高效焊接法，可以焊接铝及其合金等金属材料。它主要采用 TANDEM 双丝焊接系统，两根焊丝由两台电源单独供电，由两台送丝机分别通过两个相互绝缘的导电嘴送丝，两个电弧在同一个熔池中燃烧。两台电源都提供脉冲电流，两者的脉冲频率相同，但相位相反。

三、MIG 焊铜及其合金工艺特点

铜合金包括黄铜、铝青铜、硅青铜、铍青铜等。虽然铜合金的热导率比纯铜小，但在焊接体积比较大的工件时需要预热。

焊接黄铜时，由于锌蒸气的影响，焊接性差，焊接时使用铝青铜焊丝。焊接铍青铜时，由于会产生有毒气体，需要注意。

焊接铜是很难的。因为铜的导热性好，是钢的 7~11 倍，所以通常焊接铜时热量不足，容易产生未焊透和未熔合。为此焊接铜时一般都需要预热。对于较厚的铜板，适合采用大电流 MIG 焊、

大直径焊丝和 Ar+He 混合气体保护，预热温度可以略低些。

MIG 焊铜的典型焊接参数见表 4-3。厚度在 4.8mm 以下的薄板预热温度较低，并可以采用纯 Ar 作为保护气体。而随着板厚的增加，预热温度也提高，这时宜采用 Ar+75%（体积分数）He 混合气体。

表 4-3　MIG 焊铜的典型焊接参数

板厚/mm	坡口形式	层数	焊丝规格/mm	送丝速度/(m/min)	保护气体(体积分数)	气体流量/(L/min)	喷嘴直径/mm	预热温度/℃	焊接电流/A	焊接速度/(cm/min)
<4.8	对接	1~2	ϕ1.2	4.5~7.87	Ar	15	19	39~93	180~250	35~50
6.4	对接	1~2	ϕ1.6	3.75~5.25	Ar+75%He	23	19	93	250~325	24~45
12.5	V形	2~4	ϕ1.6	5.25~6.75	Ar+75%He	23	19	316	330~400	20~35
>16	V形	—	ϕ1.6	5.25~6.75	Ar+75%He	23	19	472	330~400	15~30
		—	ϕ2.4	3.75~4.75	Ar+75%He	30	25	472	500~600	20~35

为了提高电弧能量，可以采用大电流 MIG 焊法焊接铜。通常采用 ϕ4mm 及以上的粗焊丝，800 ~ 1000A 的大电流。它的最大特点是热量集中，电弧基本上潜入薄板中，于是焊接时一般不需要预热。为加强保护，常常采用双层气体喷嘴，其焊接参数见表 4-4。

表 4-4　铜的大电流 MIG 焊的典型焊接参数

板厚/mm	坡口形式	焊丝规格/mm	层数	焊接电流/A	电弧电压/V	焊接速度/(cm/min)
12	V形	ϕ4.0	1	765	34	30
15	V形	ϕ4.0	1	850	36	24

注：保护气体内侧为 Ar+75%（体积分数）He，外侧 Ar 为 100%；垫板材料为玻璃丝布带；温度为室温。

四、T. I. M. E. 焊

T.I.M.E. 焊实质上是一种高效 MAG 焊法。T.I.M.E. 是 Transferred Ionised Molten Energy 的缩写。它采用 ϕ1.2mm 的焊丝，大的焊丝伸出长度（20~35mm）和特殊的四气保护气体，即 T.I.M.E. 气体（各气体体积分数分别 为 $\varphi(O_2)$=0.5%、$\varphi(CO_2)$=8%、φ（He）=26.5% 和 φ（Ar）=65%）。T.I.M.E. 焊的主要特点如下。

1）送丝速度最高达到 50m/min。普通送丝机的送丝速度为 16~18m/min，所以 T.I.M.E. 焊一定要采用专用的送丝机。

2）使用 ϕ1.2mm 的碳钢焊丝，在大的焊丝伸出长度和较高送丝速度时，往往呈旋转射流过渡而产生很大飞溅，这是不允许的。使用 T.I.M.E. 气体的作用是将产生飞溅的旋转射流变为焊丝末端绕焊丝轴线呈锥形的旋转射流过渡，基本上不产生飞溅。

3）焊缝熔深呈盆底状，焊缝表面光滑、平坦、成形美观。

4）焊缝质量好，焊接接头的力学性能包括强度和韧性都很高。

5）T.I.M.E. 焊能够焊接低碳钢和低合金钢，如高温耐热材料、特种钢铁（装甲板）和高屈服强度钢等材料。

任务实施

一、工件准备

1. 工件

Q235B 钢板，规格尺寸为 300mm × 100mm × 12mm，两块。钢板可用半自动火焰切割机或机械加工开坡口，坡口钝边为 0.5~1mm，要保证坡口面的平直度，如图 4-1 所示。

2. 焊接设备和工具

NB-400 型半自动 CO_2 焊机、送丝装置、CO_2 气瓶和钢丝刷等。

3. 焊接材料（表 4-5）

表 4-5　仰焊焊接材料

名称	牌号	规格尺寸/mm	要求
焊丝	H08Mn2SiA	ϕ1.2	表面干净,无折丝现象
CO_2气体	—	—	纯度99.5%(体积分数)

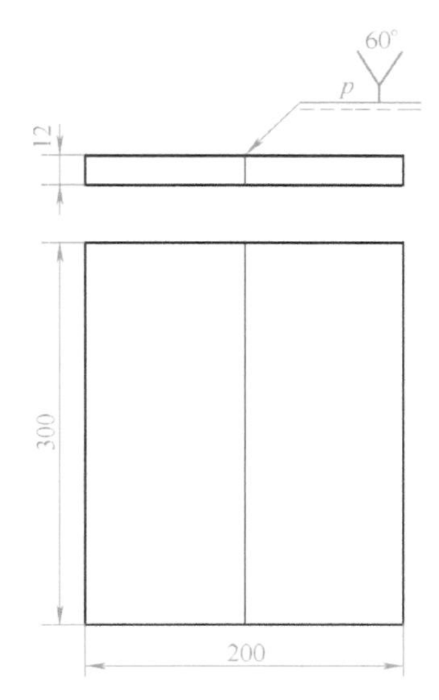

图 4-1　V 形坡口仰对接焊接示意图

二、工件清理和装配

1. 工件坡口清理和准备

工件坡口角度为 60°，用锉刀或角磨机进行打磨，钝边为 0.5~1.0mm。为了防止焊接过程中出现气孔，必须重视焊前清理工作。焊前清理坡口面及靠近坡口上、下两侧 20mm 范围内油污、铁锈至露出金属光泽。

2. 工件定位焊

仰焊装配图如图 4-2 所示。在起焊处和终焊处分别预留 2.5mm 和 3.0mm 的间隙（可采用直径为 2.5mm 和 3.0mm 的焊芯夹在工件两端），在工件背面两端点定位焊。终焊处应多焊些（反转工件在终焊处再次进行加固），防止在焊接过程中收缩，造成未焊段坡口间隙变窄而影响焊接。定位焊的位置在距工件端头 20mm 之内，定位焊缝长≤ 10mm。

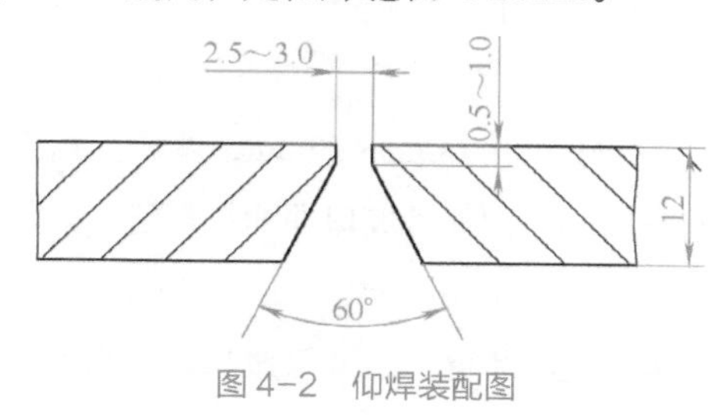

图 4-2 仰焊装配图

3. 工件反变形

为了减少工件在焊后的角变形，在焊前要将工件预留反变形。反变形角度可用游标万能角度尺或焊缝测量器测量，也可测 $\varDelta$ 值。$\varDelta$ 值可根据工件宽度计算得出，即

$$\varDelta = b\sin\theta = 100\text{mm}\times\sin3° = 5.23\text{mm}$$

式中，$\varDelta$ 是工件表面高度差（mm）；b 是工件宽度（按 100mm 计）；θ 是反变形角度（按 3° 计）。

工件预留反变形角为 3°～5°，如图 4-3 所示。

图 4-3 工件预留反变形

三、仰焊焊接操作要点

仰焊是各种焊接位置中最困难的一种焊接位置。由于熔池倒悬在工件上面，熔化金属的重力阻碍熔滴过渡。熔池温度越高，表面张力越小，故焊接时焊缝背面易产生凹陷，正面出现焊瘤，焊缝成形困难。因此仰焊时必须保持最短的电弧长度，依靠电弧吹力使熔滴在很短时间内过渡到熔池中，在表面张力的作用下，很快与熔池的液体金属汇合，促使焊缝成形。

1. 操作姿势

视线要选择最佳位置，两脚成半开步站立，上身要稳，由远而近地移动焊枪。为了减轻手臂的负担，可将电缆线挂在临时设置的钩子上。

2. 焊接参数

仰焊工件固定在水平面内，坡口朝下，间隙小的一端先焊，一般放在左侧。焊道分布及焊接参数见焊接工艺卡（表4-6）。

3. 焊后清理

用钢丝刷、敲渣锤等工具清理焊渣及飞溅，焊缝表面保持原始状态。

表4-6 12mm低碳钢板V形坡口仰对接焊接工艺卡

焊接方法	GMAW(熔化极气体保护焊)	2.5~3.0 0.5~1.0 12 60°
工件材质、规格	Q235B,300mm×100mm×12mm	
焊材牌号、规格	H08Mn2SiA,ϕ1.2mm	
保护气体及流量	CO_2气体,15L/min	
焊接接头	板—板对接,接头开坡口	
焊接位置	仰焊(4G)	
其他	—	

预热		焊后热处理	
预热温度	—	温度范围	—
层间温度	≤250℃	保温时间	—
预热方式	—	其他	—

焊接参数

焊层(道)	焊接方法	焊材		焊接电流		电弧电压范围/V	焊接速度/(mm/min)
		牌号	规格/mm	极性	范围/A		
1	GMAW	H08Mn2SiA	ϕ1.2	直流反接	90~110	19~21	70~90
2	GMAW	H08Mn2SiA	ϕ1.2	直流反接	100~120	20~22	70~90
3	GMAW	H08Mn2SiA	ϕ1.2	直流反接	90~110	19~21	70~90

施焊操作要领及注意事项

1）焊前准备。清理坡口及其正反面20mm范围内油污、铁锈至露出金属光泽，修正钝边0.5~1.0mm，调节焊丝伸出长度和气体流量

2）装配。装配间隙为2.5~3.0mm，错边量<0.5mm，定位焊缝长度≤10mm，焊点在引弧端和收弧端，反变形角为3°~5°

3）打底层焊接。采用连弧焊方法，焊枪朝上，上侧与工件呈70°~80°角，锯齿形摆动，灵活控制焊丝伸出长度，使电弧熔化钝边形成熔孔，达到单面焊双面成形

4）填充层焊接。焊枪朝上，上侧与工件呈70°~80°，采用连弧焊方法，锯齿形摆动，在坡口两侧停留，灵活控制焊丝伸出长度，严格控制熔池流动，控制焊缝低于母材表面2mm左右，匀速向前施焊

5）盖面层焊接。施焊时用同样的摆动方法熔化坡口边缘线，注意两侧的停留应保持一致，以便得到平直的焊缝

12mm 低碳钢板 V 形坡口仰对接焊接——微课

焊缝外观质量检验——微课

教学案例六　12mm 不锈钢管—管对接水平转动焊接

1. 焊前准备

清理管壁毛刺，清理坡口及接头内外表面 20mm 范围内油污、铁锈至露出金属光泽，修正钝边 0.5~1.0mm，调节焊丝伸出长度和气体流量。装配间隙为 2.5~3.2mm，错边量 < 0.5mm，定位焊缝长度 < 10mm，焊点牢固，焊点为两处或三处。可以增加定位焊的数量及使用紧固夹具或冷却板等防止焊接变形。

2. 焊接要点

工件定位好后摆放在高度合适的位置，水平放置，注意工件的焊接位置要在整个焊接过程中都能清楚地看到。

1）打底层。采用左焊法，焊枪与工件的夹角保持 70°~80°，采用连弧焊方法，锯齿形小幅摆动，灵活控制焊丝伸出长度，使电弧熔化钝边 1mm 左右；接头时打磨弧坑，达到单面焊双面成形。

2）填充层。采用左焊法，锯齿形摆动，在坡口两侧停留，灵活控制焊丝伸出长度，严格控制熔池流动，控制焊缝低于母材表面 2mm 左右，匀速向前施焊。

3）盖面层。施焊时用同样的摆动方法熔化坡口边缘线，注意两侧的停留应保持一致，以便得到平直的焊缝。焊后清理工件上的飞溅及杂物，焊缝保持原始状态。

管—管对接水平转动焊接参数见表 4-7。

表 4-7　管—管对接水平转动焊接参数

焊接方法	GMAW(熔化极气体保护焊)
工件材质、规格	06Cr19Ni10, ϕ114mm×12mm×100mm
焊材牌号、规格	H08Cr21Ni10Si, ϕ1.2mm
保护气体及流量	Ar+CO_2, 15L/min
焊接接头	管—管对接，接头开坡口
焊接位置	水平转动(1G)
其他	—

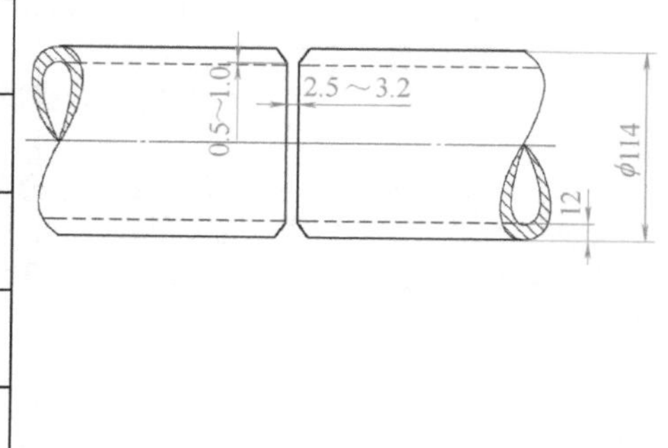

（续）

预 热		焊后热处理	
预热温度	—	温度范围	—
层间温度	<100℃	保温时间	—
预热方式	—	其他	—

焊接参数

焊层（道）	焊接方法	焊材		焊接电流		电弧电压范围/V	焊接速度/(mm/min)
		牌号	直径/mm	极性	范围/A		
1	GMAW	H08Cr21Ni10Si	ϕ1.2	直流反接	90~100	19~21	70~90
2	GMAW	H08Cr21Ni10Si	ϕ1.2	直流反接	160~170	18~22	80~100
3	GMAW	H08Cr21Ni10Si	ϕ1.2	直流反接	160~170	18~22	80~100

教学案例七　3 mm 铝薄板 MIG 平对接焊接

1. 焊前准备

在 3 mm 铝薄板 MIG 平对接焊接过程中，焊前要事先用专用钢刷刷掉工件上的氧化皮，并用专用锉刀在对接板上稍微加工坡口，矫正板的变形量，使对接板平整。定位时无对接间隙。装配时将工件摆放到水平位置，保证工件装配后不存在错边。

2. 焊接要点

工件定位好后摆放在高度合适的位置，焊缝水平放置，注意工件的焊接位置要在整个焊接过程中都能清楚地看到。焊枪与工件呈 90° 左右。焊接过程中焊枪随着熔池的形成均匀由右向左，焊接时焊枪拉直线，在保证熔透的情况下焊接速度应尽可能地快。施焊过程中应严格控制熔池的大小，注意避免烧穿。

3. 焊接工艺

焊丝为 ϕ 1.2mm 铝焊丝，气体为纯氩气，气体流量为 10L/min。焊接方向为由右向左，直线运动。MIG 平对接焊接参数见表 4–8。

表 4–8　MIG 平对接焊接参数

材料	板厚/mm	位置	接头形式	焊接电流/A	电弧电压/V
铝	3	平焊	对接接头	104	20.5

教学案例八　3mm 铝薄板 MIG 立角焊接

1. 焊前准备

在 3 mm 铝薄板 MIG 立角焊接过程中，焊前要事先用专用钢刷刷掉工件上的氧化皮，并矫正板的变形量，使对接板平整。定位时以三点以上为宜。装配时应该严格控制工件的结合程度，确保不会因为装配不当而影响焊接质量。

2. 焊接要点

工件定位好后摆放在高度合适的位置，工件摆放尽量与地面保持垂直，注意工件的焊接位置要在整个焊接过程中都能清楚地看到。焊枪位置应在角焊缝的角平分线上，焊接过程中焊枪随着熔池的形成均匀上移，在保证焊缝质量的基础上应尽量增加焊接速度。

3. 焊接工艺

焊丝为 ϕ1.2mm 铝焊丝，气体为纯氩气，气体流量为 10L/min。焊接为向上立焊（PF），采用多层多道焊焊接方法，共两层两道。第一层为打底层，焊枪直线运动。第二层为盖面层，焊枪左右摆动。

MIG 立角焊接参数见表 4−9。

表 4–9　MIG 立角焊接参数

材料	板厚/mm	位置	接头形式	焊接电流/A	电弧电压/V
铝	3	立焊	T形接头	80（第一层）	19.2
				110（第二层）	20.7

附　录

附录 A　CO_2 气体保护焊常见缺陷及产生原因

常见缺陷	产生原因
气孔	1）CO_2 气体不纯或供气不足 2）焊接时有空气侵入 3）预热器没有作用 4）风速过大，保护不完全 5）喷嘴被飞溅堵塞、不通畅 6）焊接区表面污物、油、锈和水分未清除 7）电弧过长和喷嘴与工件距离过大 8）焊丝中硅、锰含量不足
咬边	1）电弧太长，电弧电压过高 2）焊接速度过快 3）焊接电流太大 4）焊丝摆动不当
未焊透	1）焊接电流太小，送丝不均匀 2）电弧电压过低或过高 3）焊接速度过快 4）坡口角度和间隙过小
夹渣	1）母材倾斜（下坡）使焊渣超前 2）前一道焊后焊渣未清理干净 3）电流过小，速度慢，焊渣量多 4）用前进法焊接，开槽内焊渣超前过多
裂纹	1）开槽角度太小，在大电流焊接时，产生梨形焊道裂纹 2）多层焊时，第一层焊道过小 3）焊接顺序不当，产生拘束力过强 4）母材碳含量和其他金属含量过高 5）焊接区未清理，氢含量过高
电弧不稳定	1）导电嘴松动或已磨损，或直径过大（与焊丝比） 2）焊丝盘转动不均匀，送丝滚轮的沟槽已经磨损，加压滚轮紧固不良，导丝管阻力大 3）焊丝伸出长度过大 4）焊接地线接地位置不当 5）焊接电流过小
飞溅	1）短路过渡时电感量不适当，过大或过小 2）焊接电流和电弧电压配合不当 3）焊丝和工件清理不良

附录 B　有关 MIG 焊接的主要用语及解说

主要用语	解　说
防黏丝	在焊接结束时，防止焊丝戳进熔池黏在母材上的方法
惰性气体保护焊	在惰性气体中进行的电弧焊的总称，其中也包括混入少量的活性气体(如体积分数为2%的氧气)的焊接。MIG、TIG焊接为大家熟知的已得到广泛使用的焊接方法
扩散氢	氢元素的相对分子质量比较小，分解后可以在结晶晶格中自由移动。扩散氢对焊接接头质量有影响，是低温裂纹、气孔产生的原因
清洁作用	在惰性气体保护焊中，由于电弧的作用将被焊工件表面的氧化膜去除，(阴极雾化效果)称为清洁作用 表面氧化膜被去除的部分
大滴状过渡（粗滴或颗粒过渡）	当在临界电流以下焊接时，熔滴将变得与焊丝直径一样大或比焊丝直径更大，这种状态的熔滴过渡称为大滴状过渡。与其他熔滴过渡相比较，大滴状过渡的飞溅量大。一般大滴状过渡比较容易在 CO_2 气体环境、小电流以及电弧长度比较大的情况下发生
射流过渡	熔融焊丝端部形成小球并有规则地高速向母材过渡的方式称为射流过渡。射流过渡容易在大电流、氩气中混合少量氧气或 CO_2 气体环境中发生
定位焊	在进行正式焊接之前，为了将母材固定在设定的位置而进行的焊接
短路过渡	反复形成熔滴与母材的短路、电弧产生的过渡状态称为短路过渡，也称为短弧过渡。短路过渡容易在小电流、电弧长度比较大时发生
起皱	为铝的MIG焊接特有的形成不稳定焊道的现象。特别是在大电流焊接时容易发生。发生此现象时，电弧及熔池将变得不稳定
脉冲电弧焊	电弧焊接法中使用周期性的脉冲电流。在MIG/MAG焊中由于使用脉冲电流使熔滴过渡更加方便，即使使用的平均电流比较小也能得到稳定的电弧。使用脉冲电弧焊可以有效控制熔深形状、焊缝外观、焊缝金属的性能。脉冲电弧焊可以有效地用于薄板、特殊金属的焊接以及全位置焊接

（续）

主要用语	解 说
回烧	火焰通过焊（割）炬再进入软管甚至到调压器。如果回烧严重，会发生焊丝黏着在导电嘴上，需要注意
指状熔深	MIG 焊接的射流过渡中形成的特有的熔深状态，通常称为指状熔深。由于有高速等离子流，产生指状熔深。由于产生指状熔深时，熔深处的宽度与焊缝宽度相比比较窄，不注意的话容易产生未焊透等焊接缺陷，所以对错边、间隙要求比较严格
塞焊	在两块焊接母材的一块表面上开孔，然后在孔中进行焊接直至焊到母材表面，并在对方母材上得到充分的熔深 A A A—A
亚射流过渡	伴有短路过渡的射流过渡，即介于短路过渡与射流过渡之间的过渡形式

附录 C　CO_2 气体保护焊安全操作规程

一、焊前准备规定

1）检查焊接电源。在等速送丝下使用平硬特性直流电源，极性采用直流反接。

2）检查送丝装置。推丝式送丝机要求送丝软管不宜过长（2~4m 之间），确保送丝无阻。

3）检查焊枪。检查导电嘴是否磨损，若超标则更换；出气孔是否出气通畅。

4）检查供气系统。检查预热器、干燥器、减压阀及流量计是否工作正常，电磁气阀是否灵活可靠。

5）检查焊材。检查焊丝，确保外表光洁，无锈迹、油污和磨损。检查 CO_2 气体纯度（体积分数应大于 99.5%，水含量和氮含量均不超过 0.1%），压力降至 0.98MPa 时，禁止使用。

6）检查施焊环境。确保施焊周围风速小于 2.0m/s。

7）清理工件表面。焊前清除焊缝两侧 20mm 以内的油、污、水和锈等，重要部位要求露出金属光泽。

8）检查焊接工艺指导书（焊接工艺卡）是否与实际施焊条件相符，严格按工艺指导书（焊接工艺卡）调节焊接规范。

二、施焊操作规定

1）焊枪应依说明书操作。

2）引弧采用直接短路法接触引弧，引弧前使焊丝端头与工件保持 2~3mm 的距离，若焊丝头呈球状则去掉。

3）施焊过程中灵活掌握焊接速度，防止未焊透、气孔和咬边等缺陷。

4）收弧时禁止突然切断电源，在弧坑处必需稍作停留，待填满弧坑后收弧，以防止裂纹和气孔。

5）焊缝接头连接采用退焊法。

6）尽量采用左焊法施焊。

7）摆动与不摆动参照工艺指导书（焊接工艺卡）或根据工件厚度及材质热输入要求确定。

8）对于 T 形接头平角焊，应使电弧偏向厚板一侧，正确调整焊枪角度，以防止咬边、未焊透、焊缝下垂并保证焊脚尺寸。

9）严格按工艺指导书（焊接工艺卡）要求正确选择焊接顺序，以减小焊接变形和焊后残余应力。

10）焊后关闭设备电源，用钢丝刷清理焊缝表面，目测或用放大镜观察焊缝表面是否有气孔、裂纹和咬边等缺陷，用焊缝量尺测量焊缝外观成形尺寸。

三、焊接参数规范规定

重要焊缝必需严格按焊接工艺指导书（焊接工艺卡）所示参数施焊。对未明确指定焊接参数的焊缝，施焊时按如下要求施焊。

1）焊丝直径。根据工件厚度、焊接位置及生产进度要求综合考虑。焊薄板采用直径为 1.2mm 以下的焊丝，焊中厚板采用直径为 1.2mm 及以上的焊丝。

2）焊接电流。根据工件厚度、坡口形式、焊丝直径及所需的熔滴过渡形式选择。短路过渡时在 50~230A 内选择，颗粒过渡时在 250~500A 内选择。

3）焊接电压。短路过渡时在 16~24V 内选择，颗粒过渡时在 25~36V 内选择，并且电流增大时电压相应也增大。

4）焊丝伸出长度。一般取焊丝直径的 10 倍，且不超过 15mm。

5）CO_2 气体流量。细丝焊时取 8~15L/min，粗丝焊时取 15~25L/min。

6）电源极性。对于低碳钢与低合金钢的焊接，一律采用直流反接。

7）回路电感。通常随焊丝直径增大而调大，但原则上应力求使焊接过程稳定、飞溅小，可通过试焊确定。

8）焊接速度。全自动焊根据焊接工艺指导书（焊接工艺卡）确定，半自动焊根据保护效果、焊缝成形和防止焊接缺陷及材料热输入要求确定，一般在 15~40m/h 范围内调节。

附录 D “熔化极气体保护焊”课程题库

一、判断题

1. 焊接时产生的弧光是由紫外线和红外线组成的。( )
2. 弧光中的紫外线可造成对人眼睛的伤害，引起白内障。( )
3. 焊工最常用的工作服是深色工作服，因为深色易吸收弧光。( )
4. 为了工作方便，工作服的上衣应紧系在工作裤里边。( )
5. 焊工工作服一般用合成纤维织物制成。( )
6. 在易燃易爆场合焊接时，鞋底应有鞋钉，以防滑倒。( )
7. 焊接场地应符合安全要求，否则会造成火灾、爆炸和触电事故。( )
8. 面罩是防止焊接时的飞溅、弧光及其他辐射对焊工面部及颈部损伤的一种遮蔽工具。( )
9. 焊机的安装、检查应由电工进行，而修理则由焊工自己进行。( )
10. 在具有一定电压的电极与母材间的气体介质中产生的强烈而持久的放电现象称为焊接电弧。( )
11. 焊机空载时，由于输出端没有电流，所以不消耗电能。( )
12. 外观质量在很大程度上取决于焊接参数是否合适，与焊工操作水平无关。( )
13. 所有的焊接接头中，以对接接头应用最为广泛。( )
14. 开坡口的目的主要是保证工件在厚度方向上全部焊透。( )
15. 低碳钢可采用冷加工方法，也可采用热加工方法制备坡口。( )
16. 外观检验是一种常用的、简单的检验方法，以肉眼观察为主。( )
17. 外观检验之前，要求将焊缝表面的焊渣清理干净。( )
18. 咬边作为一种缺陷的主要原因是在咬边处会引起应力集中。( )
19. 立焊时焊缝表面不容易产生焊瘤。( )
20. 由于对接的两个工件没有对正，而使板或管的中心线存在平行偏差而形成的缺陷称为错边。( )
21. 弧坑仅是焊道末端产生的凹陷，所以是一种没有危害的缺陷。( )
22. 焊接参数对保证焊接质量是十分重要的。( )
23. 直流焊接时焊丝接电源正极的接法称为正接。( )
24. 氩气不与金属起化学反应，在高温时不溶于液态金属中。( )
25. 焊接速度越大，则热输入越大。( )
26. 焊接时为了看清熔池，尽量采用长弧焊接。( )
27. 定位焊只是为了装配和固定接头位置，因此要求与正式焊接可以不一样。( )
28. CO_2 气瓶内盛装的实际上是液态 CO_2。( )
29. CO_2 焊的送丝机有推丝式、拉丝式、推拉式三种形式。( )
30. 飞溅是 CO_2 焊的主要不足之处。( )
31. 使用耳罩时，务必不要使耳罩软垫圈与周围皮肤贴合。( )
32. 夹紧工具是用来扩大或撑紧装配件用的一种工具。( )

33. 铸铁焊丝可分为灰铸铁焊丝、合金铸铁焊丝和球墨铸铁焊丝。（ ）
34. 铝及其合金焊丝是根据化学成分来分类并确定型号的。（ ）
35. 常用来焊接除铝镁合金以外的铝合金的通用焊丝牌号是 HS331。（ ）
36. 铝及其合金用等离子切割下料后，即可进行焊接。（ ）
37. 铝及其合金的化学清洗法效率高，质量稳定，适用于清洗焊丝及尺寸不大、成批生产的工件。（ ）
38. 铝及其合金采用机械清理时，一般都用砂轮打磨，直至露出金属光泽。（ ）
39. 铝及其合金的熔点低，焊前一律不能预热。（ ）
40. 由于异种金属之间性能上的差别很大，所以焊接异种金属比焊接同种金属困难得多。（ ）
41. 异种金属焊接时，原则上希望熔合比越小越好，所以一般开较小的坡口。（ ）
42. 不锈钢复合板焊接时，坡口一般都开在基层（低碳钢）上。（ ）
43. 焊接接头弯曲试验结果的合格标准按钢种而定。（ ）
44. 焊接接头冲击试验的目的是测定焊接接头各区域的冲击吸收能量。（ ）
45. 铝的化学活泼性很高，易与空气中的氧作用生成一层牢固、致密的氧化膜。（ ）
46. 气割机的种类、形式很多，大致可以分为移动式、固定式、专用气割机。（ ）
47. 下雨天可以在露天使用气割机。（ ）
48. 气割机切割场地必须备有检验合格的消防器材。（ ）
49. 焊接方向对控制梁的焊接变形是很重要的。不同的焊接方向引起的焊接变形不同。（ ）
50. 柱身是柱的主要部分，载荷经由柱身传至柱脚。按柱身的构造分为实腹柱和格构柱两类。（ ）
51. 氩气比空气轻，使用时易漂浮散失，因此焊接时必须加大氩气流量。（ ）
52. 使用 CO_2 焊要解决好对熔池金属的氧化问题，一般采用含有脱氧剂的焊丝来进行焊接。（ ）
53. CO_2 气体中水分的含量与气压有关，气压越低，气体中水分的含量越低。（ ）
54. 预热器的作用是防止 CO_2 从液态变为气态时，由于放热反应使瓶阀及减压阀冻结。（ ）
55. NBC–350 型焊机是 CO_2 焊机。（ ）
56. CO_2 焊接电源有直流和交流电源。（ ）
57. 管板定位焊焊缝两端尽可能焊出斜坡或修磨出斜坡，以方便接头。（ ）
58. 焊缝成形系数是熔焊时，在单道焊缝横截面上焊缝计算厚度与焊缝宽度之比值。（ ）
59. 焊缝成形系数小的焊道，焊缝宽而浅，不易产生气孔、夹渣和热裂纹。（ ）
60. 电弧电压是决定焊缝厚度的主要因素。（ ）
61. 焊接电流是影响焊缝宽度的主要因素。（ ）
62. 开坡口通常是控制余高和调整焊缝熔合比最好的方法。（ ）
63. 通过焊接电流和电弧电压的配合，可以控制焊缝形状。（ ）
64. 由于细丝 CO_2 焊的工艺比较成熟，因此应用比粗丝 CO_2 焊广泛。（ ）
65. CO_2 焊用于焊接低碳钢和低合金高强度钢时，主要采用硅锰联合脱氧的方法。（ ）
66. 焊接用 CO_2 气体和氩气一样，瓶里装的都是气体。（ ）
67. 常用的牌号为 H08Mn2SiA 的焊丝中的“H”表示焊接。（ ）

68. 常用牌号为 H08Mn2SiA 的焊丝中的“A”表示硫、磷的质量分数≤ 0.03%。（　）
69. 板对接时，焊前应在坡口及两侧 20mm 范围内，将油污、铁锈和氧化物等清理干净。（　）
70. 对接板组装时，应确定组对间隙，且终焊端比始焊端间隙略小。（　）
71. 对接板组装时，应预留一定的反变形。（　）
72. 细丝 CO_2 焊时，熔滴过渡形式一般都是喷射过渡。（　）
73. 粗丝 CO_2 焊时，熔滴过渡形式往往都是短路过渡。（　）
74. CO_2 焊时只要焊丝选择恰当，产生 CO_2 气孔的可能性很小。（　）
75. 低合金高强度结构钢强度级别增大，淬硬冷裂纹倾向减小。（　）
76. 低合金高强度结构钢焊接时产生热裂纹的可能性比冷裂纹小得多。（　）
77. CO_2 焊采用直流反接时，极点压力大，造成大颗粒飞溅。（　）
78. CO_2 焊的焊接电流增大时，熔深、熔宽和余高都有相应地增加。（　）
79. CO_2 焊时必须使用直流电源。（　）
80. CO_2 焊时会产生 CO 有毒气体。（　）
81. CO_2 焊的金属飞溅引起火灾的危险性比其他焊接方法大。（　）
82. CO_2 焊结束后，必须切断电源和气源，并检查现场，确无火种方能离开。（　）
83. 熔合比只在熔敷金属化学成分与母材不相同时，才对焊缝金属的化学成分有影响。（　）
84. 中厚板单道焊热输入大，焊缝和热影响区晶粒粗大，塑性和韧性较低。（　）
85. 焊接变形和焊接残余应力都是由于焊接时局部的不均匀加热引起的。（　）
86. 当工件拘束度较小时，冷却时能够比较自由地收缩，则焊接变形较大，而焊接残余应力较小。（　）
87. 坡口角度越大，则角变形越小。（　）
88. Y 形坡口比 U 形坡口角变形大。（　）
89. 焊接热输入越大，焊接变形越小。（　）
90. CO_2 焊和钨极氩弧焊产生的变形比焊条电弧焊小。（　）
91. 单道焊产生的焊接变形比多层多道焊小。（　）
92. 采用合理的焊接方向和顺序是减小焊接变形的有效方法。（　）
93. 生产中常用矫正焊接变形的方法主要有机械矫正和火焰矫正两种。（　）
94. 采用小热输入减小焊接变形，也能减小焊接残余应力。（　）
95. 锤击焊缝金属可以减小焊接变形，还可以减小焊接残余应力。（　）
96. 钢的碳当量越大，焊接性越好。（　）
97. 碳当量只考虑了碳钢和低合金高强度钢化学成分对焊接性的影响，而没有考虑其他因素对焊接性的影响。（　）
98. 低合金高强度结构钢按抗拉强度分为 Q295、Q345 等五种。（　）
99. 低合金高强度结构钢焊接时随着碳当量增大，预热温度要相应提高。（　）
100. 焊缝中心形成的热裂纹往往是区域偏析的结果。（　）
101. 氢不但会产生气孔，也会促使形成延迟裂纹。（　）

102. 熔滴过渡的特点在很大程度决定了焊接电弧的稳定性。（ ）

103. 减少焊缝氧含量最有效的措施是加强对电弧区的保护。（ ）

104. 焊接大厚度铝及其合金时，采用 Ar+He 混合气体可以改善焊缝熔深，减少气孔和提高生产率。（ ）

105. 焊接接头包括焊缝区、熔合区和热影响区。（ ）

106. 焊接热影响区的性能变化取决于化学成分和组织的变化。（ ）

107. 焊接热影响区的组织变化取决于焊接热循环。（ ）

108. 热输入是一个综合焊接电流、电弧电压和焊接速度的工艺参数。（ ）

109. 热输入相同时，采取焊前预热可降低焊后冷却速度，会增加高温停留时间，使晶粒粗化加剧。（ ）

110. 熔池凝固时的低熔点杂质偏析是产生热裂纹的主要原因之一。（ ）

111. 焊缝中的氮会降低焊缝的塑性和韧性，但可提高焊缝的强度。（ ）

112. 空气中的氮气几乎是焊缝中氮的唯一来源。（ ）

113. 低碳钢焊接接头中性能最差的是熔合区和热影响区中的粗晶区。（ ）

114. 焊接材料只影响焊缝金属化学成分和性能，而不影响焊接热影响区的性能。（ ）

115. CO_2 焊时，应先引弧再通气，才能使电弧稳定燃烧。（ ）

116. 焊接用 CO_2 的纯度大于 99.5%。（ ）

117. 二氧化碳气体保护焊的气体流量过小时，焊缝易产生裂纹缺陷。（ ）

118. NBC-250 型焊机属于埋弧焊机。（ ）

119. 二氧化碳气体保护焊焊接较长的直线焊缝和有规则的曲线焊缝时，一般采用自动焊。（ ）

120. NBC-250 型焊机属于半自动焊机。（ ）

121. 目前我国生产的氩气纯度可达 99.9%。（ ）

122. 熔化极氩弧焊的熔滴过渡主要采用喷射过渡和短路过渡。（ ）

二、单项选择题

1. CO_2 焊用的 CO_2 气体纯度，一般要求不低于（ ）。

A. 95%　　B. 99%　　C. 99.5%　　D. 99.9%

2. CO_2 气瓶瓶体表面漆成（ ）色，并标有“液态二氧化碳”黑色字样。

A. 银灰　　B. 棕　　C. 白　　D. 铝白

3. 目前焊丝外层镀铜主要目的是（ ）。

A. 增加焊丝导电性　　B. 防止焊丝氧化　　C. 增加合金含量

4. CO_2 焊有许多优点，但（ ）不是 CO_2 焊的优点。

A. 生产率高，成本低　　B. 焊缝氢含量少，抗裂性能和力学性能好

C. 焊接变形和应力小　　D. 设备简单，容易维护修理

5. CO_2 焊有一些不足之处，但（ ）不是 CO_2 焊的不足之处。

A. 飞溅较大，焊缝表面成形较差　　B. 设备比较复杂，维修工作量大

C. 焊缝抗裂性能较差　　D. 氧化性强，不能焊易氧化的有色金属

6. 粗丝 CO_2 焊中，熔滴过渡往往是以（　）的形式出现。

A. 喷射过渡　B. 射流过渡　C. 短路过渡　D. 粗滴过渡

7.（　）是一种 CO_2 焊可能产生的气孔。

A. O_2 孔　B. NO 气孔　C. CO_2 气孔　D. CO 气孔

8.（　）不是 CO_2 焊 N_2 孔的产生原因。

A. 喷嘴被飞溅堵塞　B. 喷嘴与工件距离过大

C. CO_2 气体流量过小　D. 焊丝表面有油污未清除

9.（　）不是 CO_2 焊时选择焊丝直径的根据。

A. 工件厚度　B. 施焊位置　C. 生产率的要求　D. 坡口形式

10.（　）不是 CO_2 焊时选择焊接电流的根据。

A. 工件厚度　B. 焊丝直径　C. 焊接位置　D. 电源种类与极性

11.（　）不是 CO_2 焊时选择电弧电压的根据。

A. 焊丝直径　B. 焊接电流　C. 熔滴过渡形式　D. 坡口形式

12.（　）不是选择 CO_2 焊气体流量的根据。

A. 焊接电流　B. 电弧电压　C. 焊接速度　D. 坡口形式

13. 薄板对接仰焊位置半自动 CO_2 焊时，焊接应采用（　）。

A. 左焊法　B. 右焊法　C. 向下立焊　D. 向上立焊

14. Q235 钢 CO_2 焊时，焊丝应选用（　）。

A. H10Mn2MoA　B. H08MnMoA　C. H08CrMoVA　D. H08Mn2SiA

15. CO_2 气瓶使用 CO_2 气体电热预热器时，其电压应采用（　）V。

A. 110　B. 90　C. 60　D. 36

16. CO_2 焊过程中，增加焊接电流主要是影响（　）。

A. 熔宽　B. 熔深　C. 余高

17. CO_2 焊过程中，焊接电源 ZP7–400 主要配备的送丝装置是（　）。

A. 等速送丝装置　B. 变速送丝装置

18. 焊接参数热输入与（　）无关。

A. 焊接电流　B. 电弧电压　C. 空载电压　D. 焊接速度

19. MAG 焊是（　）熔化极气体保护焊。

A. 惰性气体保护　B. 活性气体保护　C. 二氧化碳气体保护

20. 焊接速度过高时会产生（　）等缺陷。

A. 焊瘤　B. 热裂纹　C. 气孔　D. 烧穿

21. 弧光中的红外线可造成对人眼睛的伤害，引起（　）。

A. 畏光　B. 眼睛流泪　C. 白内障　D. 电光性眼炎

22. 国家标准规定，工业企业噪声不应超过（　）。

A. 50dB　B. 85dB　C. 100dB　D. 120dB

23.（　）气体作为焊接的保护气时，电弧一旦引燃燃烧就很稳定，适合手工焊接。

A. Ar　B. CO_2　C. CO_2+O_2　D. $Ar+CO_2$

24. 按我国现行规定，氩气的纯度应达到（　）才能满足焊接的要求。

A. 98.5%　B. 99.5%　C. 99.95%　D.99.99%

25. 氩气瓶的外表涂成（　）。

A. 白色　B. 银灰色　C. 天蓝色　D. 铝白色

26. CO_2 气瓶的外表涂成（　）。

A. 白色　B. 银灰色　C. 天蓝色　D. 铝白色

27. 为了防止焊缝产生气孔，要求 CO_2 气瓶内的压力不低于（　）MPa。

A. 0.098　B. 0.98　C. 4.8　D. 9.8

28. 常用的牌号为 H08Mn2SiA 的焊丝中的“08”表示（　）。

A. 含碳的质量分数为 0.08%　B. 含碳的质量分数为 0.8%

C. 含碳的质量分数为 8%　D. 含锰的质量分数为 0.08%

29. 常用的牌号为 H08Mn2SiA 的焊丝中的“Mn2”表示（　）。

A. 含锰的质量分数为 0.02%　B. 含锰的质量分数为 0.2%

C. 含锰的质量分数为 2%　D. 含锰的质量分数为 20%

30. 焊接场地应保持必要的通道，且车辆通道宽度不小于（　）。

A. 1m　B. 2m　C. 3m　D. 5m

31. 焊接场地应保持必要的通道，且人行通道宽度不小于（　）。

A. 1m　B. 1.5m　C. 3m　D. 5m

32. 焊工应有足够的作业面积，一般不应小于（　）。

A. $2m^2$　B. $4m^2$　C. $6m^2$　D. $8m^2$

33. 工作场地要有良好的自然采光或局部照明，以保证工作面照明度达（　）。

A. 30~50Lx　B. 50~100Lx　C. 100~150Lx　D. 150~200Lx

34. 焊割场地周围（　）范围内，各类可燃易爆物品应清理干净。

A. 3m　B. 5m　C. 10m　D. 15m

35. 用于紧固装配零件的是（　）。

A. 夹紧工具　B. 压紧工具　C. 拉紧工具　D. 撑具

36. 熔化极氩弧焊焊接铝及其合金采用的电源及极性是（　）。

A. 直流正接　B. 直流反接

C. 交流焊　D. 直流正接或交流焊

37. 易燃易爆物品应距离气割机切割场地在（　）以外。

A. 5m　B. 10m　C. 15m　D. 20m

38. 锅炉压力容器是生产和生活中广泛使用的（　）的承压设备。

A. 固定式　B. 提供电力　C. 换热和储运　D. 有爆炸危险

39. 细丝 CO_2 焊时，熔滴过渡形式一般都是（　）。

A. 短路过渡　B. 细滴过渡　C. 粗滴过渡　D. 喷射过渡

40. CO_2 焊的送丝机中适用于 ϕ0.8mm 细丝的是（　）。

A. 推丝式　B. 拉丝式　C. 推拉式　D. 拉推式

41.（　）是影响焊缝宽度的主要因素。

A. 焊接电流　B. 电弧电压　C. 焊接速度　D. 焊丝直径

42. 由于 CO_2 焊的 CO_2 气体具有氧化性，可以抑制（　）的产生。

A. CO 孔　B. H_2 孔　C. N_2 孔　D.NO 孔

43. CO_2 焊的焊丝伸出长度通常取决于（　）。

A. 焊丝直径　B. 焊接电流　C. 电弧电压　D. 焊接速度

44. 在焊接电弧中，阴极发射的电子向（　）区移动。

A. 阴极　B. 阳极　C. 工件　D. 焊条端头

45. 焊接时，阴极表面温度很高，阴极中的电子运动速度很快，当电子的动能大于阴极内部正电荷的吸引力时，电子即冲出阴极表面，产生（　）。

A. 热电离　B. 热发射　C. 光电离　D. 电场发射

46. 细丝 CO_2 焊时，由于电流密度大，所以其（　）曲线为上升区。

A. 动特性　B. 静特性　C. 外特性　D. 平特性

47. 仰焊时不利于焊滴过渡的力是（　）。

A. 重力　B. 表面张力　C. 电磁力　D. 气体吹力

48. 焊接薄板时的熔滴过渡形式是（　）过渡。

A. 粗滴　B. 细滴　C. 喷射　D. 短路

49. 焊接化学冶金过程中的电弧的温度很高，一般可达（　）。

A. 600~800 ℃　B. 1000~2000 ℃　C. 6000~8000 ℃　D. 9000~9500 ℃

50. 当焊渣的碱度为（　）时，称为酸性渣。

A. < 1.5　B. 1.6　C. 1.7　D. 1.8

51. 当焊渣碱度为（　）时，称为碱性渣。

A. 1.2　B. 1.4　C. 1.5　D. > 1.5

52. 焊接时硫的主要危害是产生（　）缺陷。

A. 气孔　B. 飞溅　C. 裂纹　D. 冷裂纹

53. 在焊接接头中，由熔化母材和填充金属组成的部分称为（　）。

A. 熔合区　B. 焊缝　C. 热影响区　D. 正火区

54. 不易淬火钢焊接热影响区中，综合性能最好的区域是（　）。

A. 过热区　B. 正火区　C. 部分相变区　D. 原结晶区

55. 细丝 CO_2 焊时，熔滴应该采用（　）过渡形式。

A. 短路　B. 颗粒状　C. 喷射　D. 滴状

56. CO_2 焊时，用得最多的脱氧剂是（ ）。

A. Si、Mn　　B. C、Si　　C. Fe、Mn　　D. C、Fe

57. CO_2 焊常用焊丝牌号是（ ）。

A. H08A　　B. H08MnA　　C. H08Mn2SiA　　D. H08Mn2A

58. 细丝 CO_2 焊的焊丝伸出长度为（ ）mm。

A. < 8　　B. 8~15　　C. 15~25　　D. > 25

59. 储存 CO_2 气体的气瓶容量为（ ）L。

A. 10　　B. 25　　C. 40　　D. 45

60. 二氧化碳气体保护焊的生产率比焊条电弧焊高（ ）。

A. 1~2 倍　　B. 2.5~4 倍　　C. 4~5 倍　　D. 5~6 倍

61. 二氧化碳气体保护焊时，使用的焊丝直径在 1mm 以上的半自动焊枪是（ ）。

A. 拉丝式焊枪　　B. 推丝式焊枪　　C. 细丝式焊枪　　D. 粗丝水冷焊枪

62. 二氧化碳气体保护焊时应（ ）。

A. 先通气后引弧　　B. 先引弧后通气　　C. 先停气后收弧　　D. 先停电后停送丝

63. 细丝二氧化碳焊的电源外特性曲线是（ ）。

A. 平硬外特性　　B. 陡降外特性　　C. 上升外特性　　D. 缓降外特性

64. 粗丝二氧化碳气体保护焊的焊丝直径为（ ）。

A. < 1.2mm　　B. 1.2mm　　C. $\geqslant 1.6$mm　　D. 1.2~1.5mm

65.（ ）二氧化碳气体保护焊属于气渣联合保护。

A. 药芯焊丝　　B. 金属焊丝　　C. 细焊丝　　D. 粗焊丝

66. 用 CO_2 焊立焊 10mm 厚的板材时，宜选用的焊丝直径是（ ）。

A. 0.8mm　　B. 1.0~1.6mm　　C. 0.6~1.6mm　　D. 1.8mm

67. 氩弧比一般焊接电弧（ ）。

A. 容易引燃　　B. 稳定性差　　C. 有阴极破碎作用　　D. 热量分散

68. 熔化极氩弧焊的特点是（ ）。

A. 不能焊铜及其合金　　B. 用钨作为电极

C. 工件变形比 TIG 焊大　　D. 不采用高密度电流

69. 熔化极氩弧焊在氩气中加入一定量的氧，可以有效地克服焊接不锈钢时的（ ）环境。

A. 阴极破碎　　B. 阴极飘移　　C. 晶间腐蚀　　D. 表面氧化

70. CO_2 焊焊接低碳钢时，应用的焊丝牌号是（ ）。

A. H08Mn2Si　　B. H08A　　C. H08MnA　　D. H08 或 H08MnA

71. 焊接热过程是一个不均匀加热的过程，以致在焊接过程中出现应力和变形，焊后便导致焊接结构产生（ ）。

A. 整体变形　　B. 局部变形

C. 残余应力变形和残余变形　　D. 残余变形

72. 为了减少工件变形，应选择（　）。

A. X 形坡口　B. I 形坡口　C. 工字梁　D. 十字形工件

73. 减少焊接残余应力的措施，不正确的是（　）。

A. 采取反变形　B. 先焊收缩较小焊缝

C. 锤击焊缝　D. 对工件预热

74. 焊后（　）在焊接结构内部的焊接应力，就称为焊接残余应力。

A. 延伸　B. 压缩　C. 凝缩　D. 残留

75. 由于焊接时温度分布（　）而引起的应力称为热应力。

A. 不均匀　B. 均匀　C. 不对称　D. 对称

76. 焊后为消除焊接应力应采用（　）方法。

A. 消氢处理　B. 淬火　C. 退火　D. 正火

77.（　）变形对结构影响较小同时也易于矫正。

A. 弯曲　B. 整体　C. 局部　D. 波浪

78. 焊接件变形随着结构刚性的增加而（　）。

A. 不变　B. 减少　C. 增大　D. 相等

79.（　）的变形矫正主要用辗压法。

A. 厚板　B. 薄板　C. 工字梁　D. 十字形工件

80. 焊接结构的角变形最容易发生在（　）的焊接上。

A. V 形坡口　B. I 形坡口　C. U 形坡口　D. X 形坡口

81. 由于焊接时温度不均匀而引起的应力是（　）。

A. 组织应力　B. 热应力　C. 凝缩应力　D. 以上均不对

82. 下列检验方法中，属于破坏性检验的是（　）。

A. 力学性能检验　B. 外观检验　C. 气压检验　D. 无损检测

83. 外观检验一般以肉眼为主，有时也可利用（　）的放大镜进行观察。

A. 3~5 倍　B. 5~10 倍　C. 8~15 倍　D. 10~20 倍

84. 外观检验不能发现的焊接缺陷是（　）。

A. 咬肉　B. 焊瘤　C. 弧坑裂纹　D. 内部夹渣

85. 磁粉检测用直流电脉冲磁化工件时，可探测的深度为（　）mm。

A. 3~4　B. 4~5　C. 5~6　D. 6~7

86. 外观检验能发现的焊接缺陷是（　）。

A. 内部夹渣　B. 内部气孔　C. 咬边　D. 未熔合

87. 焊接电流太小，层间清渣不净易引起的缺陷是（　）。

A. 未熔合　B. 气孔　C. 夹渣　D. 裂纹

88. 产生焊缝尺寸不符合要求的主要原因是工件坡口加工不当或装配间隙不均匀及（　）选择不当。

A. 焊接参数　B. 焊接方法　C. 焊接电弧　D. 焊接热输入

89. 造成咬边的主要原因是由于焊接时选用了（ ）焊接电流，电弧过长及角度不当。

A. 小的　B. 大的　C. 相等　D. 不同

90. 焊接过程中，熔化金属自坡口背面流出，形成穿孔的缺陷称为（ ）。

A. 烧穿　B. 焊瘤　C. 咬边　D. 凹坑

91. 造成凹坑的主要原因是（ ），在收弧时未填满弧坑。

A. 电弧过长及角度不当　B. 电弧过短及角度不当

C. 电弧过短及角度太小　D. 电弧过长及角度太大

92. 焊丝表面镀铜是为了防止焊缝中产生（ ）。

A. 气孔　B. 裂纹　C. 夹渣　D. 未熔合

93. 焊接时，焊缝坡口钝边过大、坡口角度太小、焊根未清理干净、间隙太小会造成（ ）缺陷。

A. 气孔　B. 焊瘤　C. 未焊透　D. 凹坑

94. 焊接时，接头根部未完全熔透的现象称为（ ）。

A. 气孔　B. 焊瘤　C. 凹坑　D. 未焊透

95. 焊接电流太小，易引起（ ）缺陷。

A. 咬边　B. 烧穿　C. 夹渣　D. 焊瘤

96. 严格控制熔池温度（ ）是防止产生焊瘤的关键。

A. 不能太高　B. 不能太低　C. 可能高些　D. 可能低些

97. 焊接时常见的内部缺陷是（ ）。

A. 弧坑、夹渣、夹钨、裂纹、未熔合和未焊透

B. 气孔、咬边、夹钨、裂纹、未熔合和未焊透

C. 气孔、夹渣、焊瘤、裂纹、未熔合和未焊透

D. 气孔、夹渣、夹钨、裂纹、未熔合和未焊透

98. 预防和减少焊接缺陷的可能性的检验是（ ）。

A. 焊前检验　B. 焊后检验　C. 设备检验　D. 材料检验

参 考 文 献

[1] 陈祝年 . 焊接工程师手册 [M]2 版 . 北京：机械工业出版社，2010.

[2] 中国机械工程学会焊接学会 . 焊接手册 : 第 1 卷　焊接方法及设备 [M]3 版 . 北京：机械工业出版社，2008.

[3] 张应立 . 新编焊工实用手册 [M]. 北京：金盾出版社，2004.

[4] 中国机械工程学会焊接学会 . 焊接手册：第 2 卷　材料的焊接 [M]2 版 . 北京：机械工业出版社，2008.

[5] 陈茂爱，张丽娜，等 . 熔化极气体保护焊 [M]. 北京：化学工业出版社，2014.

[6] 高忠民 . 熔化极气体保护焊 [M]. 北京：金盾出版社，2013.

[7] 中华人民共和国人力资源和社会保障部 . 国家职业技能标准 : 焊工 (2009 年修订) [S]. 北京：中国劳动社会保障出版社，2009.

[8] 中华人民共和国国家质量监督检验检疫总局 . 特种设备焊接操作人员考核细则：TSG Z6002—2010 [S]. 北京：新华出版社，2010.